JN064192

双書㉒・大数学者の数学

ジーゲル① 人と数学

上野健爾

現代数学社

Carl Ludwig Siegel (1896–1981)

Gesammelte Abhandlungen I より

はじめに

　「双書・大数学者の数学」の一冊としてジーゲルについて書かないかと現代数学社の富田社長からお誘いを受けたのはちょうど 5 年前の 2017 年 2 月であった．ジーゲルに関心を持つ人がほとんどいない日本で，思いがけないお誘いに感激し，引き受けたい旨の返事をすぐにお送りした．ジーゲルのことは大学院時代にセミナーの折，小平先生からプリンストンの高級研究所での逸話を聞き，またアーベル関数論やジュラー形式の論文を通してその数学の素晴らしさに触れていたので，ジーゲルを紹介する本が一つも出版されていないことを不思議に思っていたこともその背景にあった．

　しかし，いざ書き始めてみると，ジーゲルの主要な業績の一つである 2 次形式の解析的理論を理解するための前提となる 2 次形式の数論に関する本格的な書籍が日本で出版されていないことに改めて気づかされ，引き受けてはみたものの荷の重さにいささかたじろぐこととなった．逡巡しているうちに，非専門家ではあるが，ジーゲルまでの 2 次形式の発展の歴史を記して，その最後を飾るジーゲルの業績を記すしかないと思うようになった．

　数論が盛んで沢山の教科書が出版されている日本で，2 次形式を数論的に扱った教科書がないのは不思議ではある．ガウスが『数論研究』で展開した 2 元 2 次形式の理論の多くが，

ディリクレたちの努力によって，2次体の数論に帰着されることもその一因であろうと推測される．そのため『数論研究』の最重要な成果が平方剰余の相互法則であるという誤解が生まれることにもなる．しかし，ガウスの『数論研究』には2元2次形式の合成の理論が展開され，この理論は2次体の数論では説明することはできない深い理論となっている．ガウスはそこで整数の剰余から生じる加法群や乗法群以外のアーベル群に初めて出会い，それを有効に使って2次形式の主種に属する類は両面類であるという大定理を証明している．ガウスから始まる2次形式論はディリクレ，アイゼンシュタイン，スミス，ミンコフスキー，ハッセと深められ，最終的にジーゲルによって大きく開花した．ジーゲルのこの理論は，さらに数学の新しい分野に深化していった．特に，2次形式論の数論自体は玉河恒雄，小野孝を始めとする日本人数学者とアンドレ・ヴェイユたちによって代数群の数論へと進展した．このことも2次形式の数論の教科書が記されなかった理由かもしれない．

　しかしながら，ジーゲルの数学を理解するためには19世紀から20世紀にかけての2次形式論の発展深化を念頭に置く必要がある．そのため，本書ではジーゲルの人と数学と銘打ちながらも，2次形式論についてかなりのページを割くこととなった．紙数の関係で，本書はジーゲル以前の2次形式論の紹介で本書第1巻は終わり，ジーゲルの2次形式論は第2巻で述べることとする．

　ところで，ジーゲルが2次形式論を大きく進展させていた時期は，ドイツでナチスが政権を取り，ドイツの多くのユダヤ

系数学者が過酷な運命を受けざるを得なかった時代でもあった．ジーゲルはフランクフルト大学で教鞭を執ったときの同僚であったユダヤ系数学者に対して多くの救いの手を差し伸べている．国家が学問に介入し，世界の数学の中心地であったゲッチンゲン大学がほとんど一夜にして崩壊してしまったことを決して忘れてはならない．今でも起こりうることだからである．そうしたなかで，ジーゲルがどの様に振る舞い，時の政権に抵抗し，結局はアメリカへ亡命せざるを得なかったのか，当時の様子をジーゲルが関係する範囲でできるだけ詳しく述べることとした．

このようなわけで，第1巻はジーゲルの初期の数学とナチス時代のジーゲル，そして2次形式のジーゲルに至るまでの進展について述べた．ジーゲルの2次形式論とその後の数学については第2巻で述べる．

なお，本書では多くのドイツ語による文書を引用した．ドイツ語の翻訳に関しては20世紀ドイツ史の専門家である畏友　関口宏道氏にお世話になった．訳していただいた箇所は本文中にその都度表記した．氏の助けなくしてはナチス時代を記すことは難しかった．心から感謝する．

2022年2月

※ ジーゲルの論文の前につけられた番号はジーゲル全集でつけられた論文番号である．

目　次

第1章

カール・ルードウィッヒ・ジーゲル

　ジーゲルの名前はジーゲル上半平面，ジーゲルモジュラー形式，ジーゲル領域などに登場し，ジーゲルの名前を聞かれた読者も少なくないと思う．1920年代から1950年代にかけて数論を中心とする分野で大きな業績を挙げたドイツ人数学者ジーゲルは20世紀を代表する数学者の一人であるが，専門家以外には意外なほど名前もましてやその業績も知られていない．

　ジーゲルと比較される数学者にアンドレ・ヴェイユ（André Weil, 1906 – 1998）がいるが，ヴェィユが自らを語ることが多かったのに比してジーゲルは正反対に自分のことをほとんど語ることがなかった．そのことも彼が余り知られていないことと関係しているように思われる．第一次世界大戦と第二次世界大戦の間で数学者として大成し，ナチスの時代には同僚のユダヤ人数学者のために多くの働きをし，遂にはアメリカへ亡命せざるを得なかったジーゲルは，自らの体験を当然のこととしてほとんど語ることはなかった．それがどれほど大変なことであったかは想像を絶する．

　本書では，ジーゲルの数学上の業績だけでなく，ナチス

時代に数学者としてジーゲルがどのように生きてきたかを他のドイツ人数学者との比較も交えながら記したいと思う．数学が軍事技術の基礎をなしている現代において，ジーゲルの生き方は多くの示唆を与えてくれると思われるからである．

1．ジーゲル先生の思い出

「アーベル多様体のモジュライについて少し質問したいのですが，時間をとっていただけますか？」

「それでは明日朝7時に私の研究室で待っています．」

「朝7時ですか？」

よほど驚愕した顔つきだったのだろう．

「早いですか．それでは8時はどうですか？」

それ以上遅らせると面会を断られるかもしれないと思い8時に研究室を訪ねる約束をした．翌日，ホテルで朝食を急いで済ませるとSiegel先生の研究室に10分前に到着した．そしてかっきり8時にドアをノックし，「Ja」という返事を聞いてドアを開けると，Siegel先生は居ずまいを正して机に向かって座っておられ，机には時計以外何もおかれていなかった．時計をみると8時5分をさしている．私は一瞬青くなった．

「グラウエルトがジーゲルのパーティーに招待されたとき

5分遅刻して到着すると，ジーゲルは時計をみながら5分遅れていると言って家に入れてもらえなかった」

「ジーゲルはアスパラガスの季節になると自宅でパーティーを毎年開いていたが，パーティーへの招待状だけでなく，招待しなかった人にはあなたはパーティーには招待されていませんという手紙を送っていた」

セミナーが終わった後の雑談で小平邦彦先生からジーゲルの逸話をときおり聞いていた．グラウエルトの話は念頭にあったが，まさか時計が5分進んでいようとは思ってもいなかったので面食らったが，幸い何事もなく私の質問にジーゲル先生は丁寧に答えられた．当時，アーベル多様体の退化に関心があり，何かヒントが得られないかと質問をしたのだった．そして逆に質問もされた．

「Goro Shimura の論文は読んだことがあるか？」

論文を読み始めると前の論文を参照することが必要となり，なかなか進まない旨を答えると意外な方向に話が進んだ．

「自分も Shimura の論文に興味があって読もうとしたが，次々と前の論文に遡って行かないと理解できないので諦めた」

不思議な気持ちでジーゲル先生の話を聞いたが，今にして思えば，若いお前はがんばって読まなければと言う激励のこ

とばであったようだ.

　1時間ほど話をした後で, この論文はもしかすると関係が
あるかもしれないと, アーベル多様体のモジュライに関する
論文の別刷りを渡して下さった. 1972年だったと思うが冬
学期にゲッチンゲン大学で講演に招待された折の話である.

　Carl Ludwig Siegel（カール・ルードウィッヒ・ジーゲル）
の名前を知ったのは大学1年の時であった. 大学に入った
年の5月か6月のことであったと思う. ガロアの遺稿を読
みたいと思って文献複写を頼みに本郷の数学教室の図書館
を訪ねたおりのことである. 当時は現在の様に簡単にコピー
ができる時代ではなく, マイクロフィルムか青焼きと呼ばれ
るコピーが主流の時代であった. 図書室に入ると大きなテー
ブルがあり, その上に『谷山豊全集』がおいてあり, 事務
室で購入できると記した紙が添えられていた. 気になって開
いてみると, 前半が英語の論文で, 後半は日本語の論説と
様々な文章が収録されていた. 日本語で書かれた部分を拾
い読みすると大変面白い. そこで複写を頼んだ帰りに数学
教室の事務室によって『谷山豊全集』[1]を購入した. 『谷山
豊全集』にはAndre Weil（アンドレ・ヴェイユ）の名前が沢
山登場するが,「A.Weilをめぐって」[2]という小品の冒頭に

[1] 谷山豊全集刊行会編『谷山豊全集』, 同刊行会, 1962年　その後, 増補
版が日本評論社から出版された.
　『増補版 谷山豊全集』, 日本評論社, 1994年
[2] 『増補版 谷山豊全集』p.175-176.

> A.Weil は C.L.Siegel を除けば，おそらく世界第一の
> 現役数学者であろう．

と記され，

> さきに，Weil の腕力について述べた．彼より遙かに独
> 創的な Siegel は，その点でも彼を凌駕する．独創的
> な深みに達するには，綺麗事が好きで腕力が弱い，我
> が国の多くの数学者にとっては正に，頂門の一針と言
> うべきであろう．

という文で締めくくられていた．

　この文章を読んで Siegel という名前が気になった．日本
数学会編の『数学辞典』にもジーゲルの名前がついた数学上
の結果についての解説が出ている項がいくつかあり，2 次形
式や解析的整数論で大きな業績を挙げていることは分かっ
た．学部に進学してアーベル多様体やテータ関数の勉強を
するようになってジーゲル上半平面やジーゲルモジュラー形
式と直接関係するようになって改めてジーゲルの業績に注目
するようになった．ジーゲルの全集が出版され買い求めたの
もその頃であった．

　大学院へ進学してからは，セミナーの後の雑談で小平先
生からジーゲルの話をよく聞いた．

> 「朝から夢中になって数学をやっていて，ふと気がつくと
> 夜中になっている．それから一日分をまとめて食事をす
> るので胃の調子がおかしくなってしまう」とジーゲルが話

すのを聞いて，その集中力に驚いた.」

「プリンストンでの天体力学の講義では複雑な式の計算を
ノートなしに黒板上で行っていた.」

「ジーゲルの天体力学の講義にあるとき誰も出席しなかっ
たが，ジーゲルはお構いなしに無人の聴衆相手に講義を
した.」

エピソードには事欠かないジーゲルであったが，小平先生
の話の節々にはジーゲルに対する畏敬の念を感じることがで
きた.

ジーゲルの逸話の極めつきはゲッチンゲン大学がヒルツェ
ブルッフ（Friedrich Hirzebruch, 1927–2012）を招聘しよう
としたときの話であろう．ドイツの公立大学はすべて州立で
あり，人事の最終決定は州の教育相にある．通常は大学か
ら提案された人事案を無条件で教育相は認可するが，法的
には教育相は大学から提出された名簿にある第1位の候補
者を拒否して，第2位以下の候補を採用することもできる.
ゲッチンゲン大学がヒルツェブルッフの招聘を正式決定し，
1番目の候補者として州に申し出たとき，ジーゲルは「関数
解析はゲッチンゲン大学では必要としない」と州の教育相に
訴え，ヒルツェブルッフがゲッチンゲン大学教授に就任す
るのを阻んだという話である．後年，ヒルツェブルッフ本
人からもこの話を聞いた．結果的にゲッチンゲン大学が第2
次大戦後，戦前同様に世界の数学の中心的存在になるのを
ジーゲルが阻んだとしてドイツではよく知られた話になって

いた. リーマン・ロッホの定理を証明したヒルツェブルッフ
の専門は関数解析ではないが, 関数解析という言葉は当時
盛んになっていた新しい数学に対する代名詞としてジーゲル
が使ったのだろうと思われる.「関数解析」の一語に代表さ
れる 1940 年代以降の新しい数学に対してどちらかというと
否定的な見方をジーゲルがしていたことは第 2 次大戦後ア
メリカで活躍した若手の日本人数学者にも強く感じられたよ
うである. 小平邦彦著『怠け数学者の記』にも次のような一
節がある.

　　一九四〇代はバナッハ空間, ヒルベルト空等, 関数解
　　析が盛んで, 研究所の若い所員にもその方面の人が多
　　く, 数学上ではワイルとジーゲル (Siegel) は孤立して
　　いたように見えた. 研究所の正面の庭で会った日本人
　　数学者 K 氏が「ワイルとジーゲルは二人だけで古い難
　　しい数学をやって喜んでいる. あれは反動ですね」と言
　　ったのをはっきり覚えている. 一九五〇年代に入って
　　から代数幾何, 多様体論, 位相微分幾何, 等が急速に
　　発展して数学の様相が一変したのである.(『怠け数学
　　者の記』「ヘルマン・ワイル先生」p. 182 .)

　ジーゲル自身も 20 世紀の数学に関してモーデル (Louis
Mordell, 1888 – 1972) にあてた 1964 年の手紙の中で次のよ
うに述べている.

　　現在のように意味のない抽象化 ——それを私は空集合
　　理論と呼ぶが—— を防がないかぎり, 今世紀末には数

学は消滅してしまうだろう．（C.S. Yogananada: Book Review "Life and Times of Bourbaki", RESONANCE, June 2015, p.558.）

こうしたエピソードに出会うと谷山豊のジーゲルに対する高い評価を奇妙に思われるかもしれない．谷山豊の評価をどう見るかは別としても，20世紀の数学の発展にジーゲルがいかに決定的な寄与したことをこれから述べていきたいと思う．ただ，その数学的な内容を語るのはなかなか難しいことは白状せざるを得ない．

なお，ヴェイユよりもジーゲルを評価している上記の谷山の文章のことをヴェイユは知っていて，「これを書いたのはタナイヤマ（谷山）だろうとニヤニヤしていた」と片山孝次は記している[3]．

2.　ジーゲルの生涯

C.L. ジーゲルは1896年12月31日にベルリンで生まれ，1981年4月4日ゲッチンゲンで亡くなった．第一次大戦後ゲッチンゲン大学のランダウ（Edmund Landau, 1877 – 1938）のもとで研究活動を開始し，1920年に博士号を取り，1921年には教授資格試験（Habilitation）に合格し，翌年フ

---

[3] C.L. ジーゲルのこと，カール・ジーゲル著，片山孝次訳『解析的整数論 I』岩波書店，2018，pp.171-180.

ランクフルト大学に正教授として招聘された．博士号を取ってから数年経ってから教授資格試験を受けるのが通例であり，ジーゲルは例外的である．彼が如何に傑出していたかを物語っている．

1938年にゲッチンゲン大学に戻り，1940年にノルウェイを経由してアメリカへ亡命，プリンストンの高等科学研究所 (Insitutue for Advanced Studies) の所員となった．それ以前 1935年に半年間，高等科学研究所に滞在したことがあった．かれはナチズムに対して否定的な態度を貫き，フランクフルト大学を強制的に退官させられたユダヤ人数学者に対して最後までできる限りの支援を行っていた．このことは後述する．

第二次大戦後 1951年に正教授としてゲッチンゲン大学へ戻り，1959年の定年退職後もゲッチンゲンにとどまって研究を続けた．1958年には来日し，その時の講義録は日本数学会から出版されている*4.

ジーゲルの数学的な業績はジーゲル全集 (Gesammelte Abhabdlungen) 全4巻にまとめられている．最初の3巻は 1966年に出版され第4巻は 1979年に出版された．以下，ジーゲルの論文を引用するときはこの全集に記された論文番号を使うことにする．一般に，全集には本人の簡単な履歴や，彼のもとで学位を取った数学者名が記されことが多い

---

* 4 "Zur Reduktiotheorie quadratischer Formen", Publication of Math. Soc. Japan, no.5, 1959.

が，ジーゲル全集にはこうした記述は一切無い．ジーゲル
自身がそうした記述を載せることに否定的だったと思われ
る．幸いにジーゲル自身がフロベニウス全集に記した「フロ
ベニウスの思い出」[*5]と 1964 年にフランクフルト大学での
講演をもとに記した「フランクフルト数学教室の歴史につい
て」[*6]が全集に収録されている．それによって若いときのジ
ーゲルをある程度推測できる．

　「フロベニウスの思い出」はベルリン大学へ入学した当時
のジーゲルとフロベニウスとの関わりを述べたもので，ジー
ゲルの個人的な思い出が記されている．また「フランクフ
ルト数学研究室の歴史について」ではゲッチンゲン大学で学
位を取った後，職を得たフランクフルト大学の数学教室の
様子，ナチス政権下で同僚で先輩だった数学者 Max Dehn
（1878 – 1952），Paul Epstein（1871 – 1939），Ernst Henniger
（1883 – 1950），Otto Sász（1884 – 1952）との交流が記され
ている．

　彼が活躍を始めた時期は 2 つの大戦に挟まれた，激動の
時代であったが，数学もまた 19 世紀の古典数学を超えて大
きく進展し始めた時代でもあった．そのなかでジーゲルは解
析数論，2 次形式の理論，ディオファンティン幾何学，ジ
ーゲルモジュラー形式，天体力学に大きな功績をあげた．

[*5]　[87] Erinnerungen an Frobenius, ジーゲル全集第 4 巻 p.63 – 65.

[*6]　[81] Zur Geschichte des Frankfuruter Mathematishcen Seminars, Sie-
　　　gel 全集第 3 巻 p.462 – 474. ドイツ語の Seminar は研究室のことを意味
　　　するがここでは数学研究室ではなく数学教室と訳した.

これらの数学上の業績については次章以降で詳しく述べることにする.

　ここでは「フロベニウスの思い出」全文を翻訳しておく. ジーゲルが数学, とりわけ数論の研究者になって行った過程が記されている.

─────── **フロベニウスの思い出** *7 ───────

　――直線上にある線分が異なる直線上にあるように錯視してしまうポッペンドルフ現象と類似のことが起こることを許容してしかフロベニウスの生涯を語ることはできないと言うほかはない.

　幸運なことに, 私は大学の最初の学期にフロベニウスの講義を聞くことができた. そこでここでは半世紀以上経過した後でなお可能な限りのことではあるが, 彼に関する私の非常に個人的で主観的な思い出を述べてみたい.

　1915 年秋, 私がベルリン大学に入学を許可された時は, まさに戦争の真っ直中であった. 私は政治的事件の背景を見抜いていたわけではなかったが, 人間の暴力的衝動に対する本能的な嫌悪感から, 自分の研究を世俗の問題からできるだけ離れた学問に捧げようと決心した. その学問としては当時の私には天文学であると思われた. それに

---

*7 以下の翻訳はドイツ現代史研究家である畏友　関口宏道氏（松蔭大学教授）に多くを負っている. 関口氏に感謝する. なお, 翻訳につけた註は上野による.

もかかわらず，私が数論を研究するようになった
のは次のような偶然からであった．

　大学の天文学の主任教授は，講義を学期開始か
ら14日後に初めて開始すると予告していた ——こ
うしたことは当時では今日見られるほどによくあ
ることではなかった．しかしまた同じ時間帯，す
なわち水曜日と土曜日の9時から11時には，フ
ロベニウスの数論に関する講義が予告されていた．
私は数論がどのようなものか全く知らなかったの
で，純粋に好奇心から二週間この講義を聞いた．
そしてこのことが私の学問的方向を決定づけ，そ
れだけでなく私のその後の全人生を決定づけること
となった．やっと天文学の講義が始まった時，そ
の講義を聴くことを諦め，フロベニウスの数論を
聞き続けた．

　なぜこの数論に関する講義が私にそれほど強力
で後々まで残る感銘を与えたのかを説明することは
難しいと言わざるをえない．内容からすれば，そ
れはデデキントによって編纂され伝えられてきたデ
ィリクレの古典的な講義とほぼ同じであった．そ
れからフロベニウスは彼の聴講生にも講義と併行
して『ディリクレ・デデキント（数論講義）』*8 を

---

*8　Drichlet & Dedekind : "Vorlesungen über Zahlentheorie"，初版 1863，
　　第2版 1871，第3版 1879–80，第4版 1894. ベルリン大学でのディリク
　　レが行った講義をもとに，デデキントが版が新しくなる毎に付録を新た
　　に追加して出版した．デデキントの代数的整数のイデアル論は最初はこ
　　の本の第11番目の付録として発表された．

利用するように勧めた．そしてこの本は私が家庭教師をして苦労して稼いだポケットマネーで購入した最初の学術書であった——たとえばそれは現代では学生が最初に貰う奨学金で自動車を購入するようなものであろう．

フロベニウスは，いつもノートを利用することもなく，完全に原稿なしにしゃべった．その際，全学期を通じて彼はただの一度も思い違いをしたり，計算間違いをしたりしたことはなかった．彼が初めて連分数を導入した時には，彼は明らかに大きな喜びを持って，その導入の際に出てくる様々な代数の等式や漸化式を順番に確信をもって，しかも驚くべき速さで書いて行った．その際，彼は時折講義室にかすかに皮肉な視線を送った，講義室では熱心な聴衆が大量の講義されたものを書き取ることにほとんど追いついて行けなかった．通常彼は学生をほとんど見ていなかった．そして大部分は黒板の方を見ていた．

そもそも当時のベルリンでは，学生と教授の間に講義との関連で何らかの接触が生まれるなどということは一般的ではなかった．それでもたとえばプランクの理論物理学の演習のような特別の演習が行われていた場合は例外であったが，しかしフロベニウスは数論の演習を一度も行わず，ただ時折講義中に，講義されたものと関連のある課題を出した．解答を次の講義の時間前に講義室の教壇に提出することは聴講生の自由であった．それか

らフロベニウスはその解答を受け取るのが常で，次の講義で特別コメントをつけずにその解答を教壇の上に置いた．その際彼はその答案に前もって"∨"という印をつけていた．しかし一度も彼から正解や最良の解答が示されることも，まして学生からそれが提示されることもなかった．

　私が思い出すことのできるかぎりでは，課題は特別難しいものではなかった，そしてそれはいつも特殊な問題であって，一般的な問題に関するものではなかった．たとえばかつて連分数論との関連で，二つの自然数に対するユークリッド互徐法において割り算の回数は小さい方の数の桁数の高々5倍であることを証明するという問題などであった．聴講者の内で比較的少数の人間しか課題の解答を提出しなかった．しかし私にはその課題が非常に興味深かったので，全問に解答しようとした．そうすることでその後私は数論と代数に関してなにがしかの事を学んだ，それは実際講義では扱われることはなかった事であった．

　私はすでに述べたように，フロベニウスの講義が強い印象を与えたことを上手く説明できない．彼の態度を私流に描いたりすれば，講義の印象が台無しになってしまう可能性があったろう．私にははっきりとはしなかったが，恐らく彼の講義の流儀によってもある意味で影響力を持つに至ったこの偉大な学者の創造力溢れる個性全体が，私に影響を与えたのであろう．凡庸な，ときには悪意の

ある教師たちの下での重苦しい学年の後では，こ
れは私にとって新しい，心を解放してくれる体験
であった．

　二学期目には，その時期は軍部がなおその目的の
ために私をも利用しようとした（徴兵）時期以前の
ことであるが，私は多くの点でクロネッカーの流儀
と符号する行列式論に関するフロベニウスの講義を
聞いた．それ以前に，ずっと後年になって初めて明
らかになったこととであるが，休暇中にフロベニウ
スと関連する体験をした．それはこう言うことで
あった．大学の会計課に出頭するようにとの連絡
を郵便で受け取り，それは私を当初恐怖に陥れた．
皇帝ヴィルヘルム 2 世の時代，母親たちは子供た
ちにおとなしく言うことを聞くようにと何度も警官
と一緒になって脅迫するのが常であった，したが
って私も暴力を行使する官憲に対する恐怖を知っ
ていた．さて私が不安に満ちて大学の事務局に出
頭した時，そこでびっくりしたことに，私はアイゼ
ンシュタイン財団から一度限りであるが 144 マル
ク 50 ペニッヒ受け取れることが知らされた．

　これは申請をすれば獲得できるような奨学金で
はなかった．しかし他方では私は臆病であったの
で，大学当局にいかなる理由から私にその金が贈
られたのか尋ねることはできなかった，そうしな
いで私はただおとなしく従った．同時私はまだア

イゼンシュタイン*9 がどのような人物であるかを
知らなかった．ずいぶん後になって初めて，私は
J. シューア *10 との対談の際，アイゼンシュタイ
ンの両親が息子の夭折 50 年後にその記念に財団を
立ち上げ，その利子から数学の優秀な学生に毎年
当該の金額を支払っていたということを耳にした．
その際，私はフロベニウスから講義で出された課
題に熱心に解答していたことをシューアに話すと，
彼は私にフロベニウスがかのアイゼンシュタイン賞
に私を推薦したことは大いにありそうなことである
と述べた．

　その後のフロベニウスは，それでも彼の聴衆の
存在にまったく無関心であったわけではなかった，
それどころか時には彼は聴衆に対する人間的な関
心さえ示した．しかし私の場合には，彼と直接話
す機会を得ることはなかった．その後間もなく私
も軍当局から兵役に服する能力のある者として ──
事実その言葉はその通りであったが── エルザス

---

*9　Ferdinand Gotthold Max Eisenstein（1823-1852）ベルリン大学で学び，
　　1847 年にベルリン大学で教授資格試験に合格し，ベルリン大学で講義を
　　行った．若いリーマンは彼の楕円函数の講義に出席している．数論の研
　　究で有名であり，アイゼンシュタイン級数にその名を残している．結核
　　で 29 才で夭折した．
*10　Issai Schur（1875-1941）ベルリン大学でフロベニウスのもとで群の
　　表現論で学位を取り，主として表現論で業績を挙げた．彼の名を冠した
　　シューアの補題は表現論の基本定理として重要な役割を果たしている．
　　シューアは論文ではしばしば J. Schur を使っている．

　のシュトラースブルクに訓練のために派遣された．
　フロベニウスが亡くなった時，私はそこの野戦病
　院の神経科に，精神状態を観察するために収容さ
　れていた．私がそこから生還できて，最終的に数
　学の研究を再開した時，私は長い期間フロベニウ
　スの群論の研究に懸命に携わり，それはその後代
　数学の分野での私の興味の持ち方に絶えず影響を
　与えた．

3. 数学者としての出発 ——ゲッチンゲン大学——

　第一次世界大戦後ジーゲルはゲッチンゲン大学のランダ
ウ（Edmund Landau, 1877-1938）の元で数学の勉強を再開
することができた．この間の事情について C. リード著『ヒ
ルベルト』[*11] に少し記されている．著者のリードはジーゲル
に直接インタビューをしている．

　　この時期に，なりの大きい，内気な青年がゲッチンゲ
　ンにやってきたが，かれはやがて第一級の整数論の大
　家 ——この部門における第二のミンコフスキー—— とな
　る．彼は兵役を拒否してランダウの父親が運営していた

[*11] C. リード著　彌永健一訳『ヒルベルト —現代数学の巨峰—』岩波書
店, 1972 年，原著 C. Reid : "Hilbert with an appreciation of Hilbert's math-
ematical works by Hermann Weyl", Springer, 1970

診療所の隣りにあった精神病院に監禁されていた．これが縁で，極めて優れた才能を持った，しかし一文無しの若いカール・ルドウィッヒ・ジーゲルはこのゲッチンゲンの教授[12]と面識を持つようになった．同じ頃ノーバート・ウィナーもランダウに会い，彼を甘やかされた小天使のようだと言っているが，ジーゲルの見たランダウはそれとは全く違っていた．

「私がこうして生きていられるのは，」とジーゲルはいう，「ランダウのおかげです．」

しかし，一九一九年にジーゲルがゲッチンゲンにきた時には，彼はほとんど全く一人で学び研究した．「自力でどの位のことができるかを示したかったのです，」とかれはいう．彼はヒルベルトと直接には交際しなかったが，当時聞いたヒルベルトの整数論の講義を決して忘れなかった．ヒルベルトはこの講義の中で一見きわめて簡単だが，実は信じがたいほど困難な整数論の問題の例を示そうと試みた．かれはこの種の問題の例としてリーマン予想，フェルマ予想，そして $2^{\sqrt{2}}$ の超越性の証明（これは彼がパリで第七の問題としてあげたものである）についてふれた．さらにこれらに関して，彼はリーマン予想については最近かなりの進歩が見られ，これが彼の存命中に解かれる可能性がかなり高いと述べた．フェルマの問題は非常に長く未解決のままになっており，これ

---

[12] ランダウのこと．

の解決のためにはまったく新たな方法が見出される必要
がある ——おそらく聴衆の中の最年少者は生きている中
にこれが解かれるのを見ることができるだろう．しかし
$2^{\sqrt{2}}$ の超越性の証明は，講堂にいまいる誰も生きている
うちにはこれを見ることはないだろう！（『ヒルベルト』
p.307–308）

リードは続けて次のように記している．

ヒルベルトによってふれられた問題の中の二つは未だ
解決されていない[13]．しかし，このときから一〇年もた
たない中にゲルフォント[14] という若いソ連の数学者が
$2^{\sqrt{-2}}$ の超越性を証明した[15]．この結果を用いて，間もな
くジーゲルは $2^{\sqrt{2}}$ の超越性の証明を得た．
　ジーゲルはヒルベルトにこの証明について書き送っ
た．その中で彼は一九二〇年に講義の中で述べられたこ
とがらにふれ，この重要な結果はゲルフォントによるも
のであることを強調した．ヒルベルトは「あたかも，す

---

[13] 『ヒルベルト』の執筆後 25 年後に Andrew Wiles によってフェルマの問題（フェルマ予想）は解決された．ヒルベルトが予想したようにまったく新しい手法が証明のためには必要であった．

[14] Aleksander Gel'fond, 1906–1968, 旧ソ連の数学者．超越数論で有名．

[15] Aleksander Gel'fond: "Sur le septième problème de Hilbert". Bulletin de l'Académie des Sciences de l'URSS. Classe des sciences mathématiques et na. VII (4)，(1934)，p.623–634.

べてのことがゲッチンゲンでなされたかのようにふるまう」ということでしばしば批判された．この時も，かれはジーゲルの手紙に喜びにあふれた調子で返事をよこしたが，その中で若いソ連の数学者の寄与については何もふれられていなかった．彼はジーゲルの解のみが発表されることを望んだ．ジーゲルは，ゲルフォント自身がやがてこの問題を解決するであろうことを信じていたので，これを断った．ヒルベルトは，このことについての興味を即座に失った．（『ヒルベルト』p.308）

やがてジーゲルの独学に近い数学の勉強は大きく花開いた．ジーゲルの数学上の最初の業績は学位論文に始まる．ジーゲルはゲッチンゲンに来てわずか1年で1920年にランダウのもとで学位を取った．さらに翌1921年には教授資格論文を提出し，教授資格試験（Habilitation）に合格し，翌年の1922年にはフランクフルト大学の教授に就任している．教授資格試験（Habilitation）はドイツ特有の試験で，この試験に合格しないことには大学では原則として講義をすることができなかった．一方，教授資格試験に合格すれば私講師（Privadozent）と称せられ，大学で講義をする権利が与えられ，講義の聴講生から聴講料を得ることができた．しかし，教授資格試験に合格しても大学での教授職が得られるとは限らず，講師時代は研究者を目指す若者にとっては大変厳しい時期であった．学位を取った後のジーゲルについてもリードは簡単に触れている．

ハンブルクで，当時教授の席にあったヘッケ[16] のところで一学期を過ごした後にジーゲルはゲッチンゲンにクーラント[17] の助手として帰ってきた．彼はやがて講師になった．彼が手に入れた給料はごくわずかだったので，クーラントは彼とサイクリングに出かけるために，ジーゲルが自転車を買うことができるように特別手当を設けなければならなかった．（『ヒルベルト』p. 308–309）

「フロベニウスの回想」の中に学生が自動車を買う話が出てくるわけはこの辺にありそうである．

　同じ著者による『クーラント』[18] にはジーゲルがクーラントの助手となった経緯が記されている．

　　一九二一年に学位のある二人の優秀な研究生がこの大学にやってきた．
　　一人はカルル・ルトウィヒ・ジーゲルで戦後ゲッチンゲンに来るようにランダウにすすめられていたが，ヘッ

---

[16]　Erich Hecke, 1887–1947.

[17]　Richard Courant, 1886–1972.

[18]　C. リード著，加藤瑞枝訳『クーラント —— 数学界の不死鳥』1978 年，岩波書店．原著　Constant Reid: "Courant in Göttingen and New York", 1976, Springer.

ケと一緒にハンブルクに行っていたのである*19. ジーゲ
ルの数学上の興味はクーラントとはちがっていて, 二人
はジーゲルの最初のゲッチンゲン滞在中はあっていなか
った. 然しクーラントは外の人からジーゲルの才能のこ
とや, かれが現在ハンブルクで寒さと飢えに苦しんでい
ることをきいていた. 一九二一年の初め, クーラントは
文部省に文書を送り, 約束された第二の助手の地位にジ
ーゲルを起用したいともうしでた.

　ジーゲルが将来卓越した数学者になる人物であること
を見抜くのに, クーラントは特別な洞察力を必要としな
かった. クーラントはジーゲルが「扱い難い」若者であ
るが,「絶対に特異な才能」をもっているから特別な待遇
をなすべきで, そうするだけの価値があるとみてとった
のであった. 彼はこのことを大臣にどうにか伝えること
が出来た.

　「この給与が貴方の言われるような偉大な才能のジー
ゲル氏を支えるに足り, 彼がつづいて科学者としての生
活が出来るなら私は大変に満足であります.」と大臣はク
ーラントに書いた.

　ジーゲルがゲッチンゲンに戻ったとき, 小柄なクーラ
ントは大柄な青年を親のように世話し, クラインの家の
空き部屋を見つけて住みこませ, 教授用水泳場で泳ぐよ

---

*19 著者のこの文章は誤解を招きやすい表現である. ジーゲルはゲッチン
ゲンでランダウのもとで1920年に学位を取り, そのあとハンブルクのヘッ
ケの元に半年間滞在した.

うに招き，そこでヒルベルトに会ってヒルベルトが彼の
業績を知ることができるように取り計らい，また度々彼
を家に招いた．ニーナ[20] が大変面白がったことは，ジー
ゲルは床に座って，赤ん坊のエルンストに長い込み入
った科学用語をまじめくさって暗唱させていたことであ
った．（『クーラント』p.135–136．）

　第一次大戦後の不安定な時期であったとしても，ジーゲ
ルの数学者としての経歴は極めて異例であり，それは彼が当
時卓越した若手数学者とみなされていたことを物語ってい
る．事実，ジーゲルの学位論文，教授資格論文は当時得ら
れていた結果を大幅に塗り替える優れたものであった．ジー
ゲルは 1920 年から 22 年にかけてたくさんの論文を書いて
いる．第一次大戦後，数学に復帰することのできたジーゲ
ルは一気呵成に数学の最前線に躍り出たことが分かる．こ
うしたジーゲルの活躍を記すためには，どうしても数学上の
準備を必要とする．

---

[20] クーラント夫人.

第2章

ジーゲルの数学を語るために
── 代数的整数論からの準備 ──

　ジーゲルの初期の数学を語るための必要な数学用語を紹介していく．この準備が煩わしく思われる読者は斜め読みして，後から必要に応じて参照されることをお勧めする．

1．代数的数と代数的整数

　数 α が有理数係数の既約 n 次方程式の根であるとき α を n 次の代数的数であるという．次数が特に必要ないときには単に代数的数という．分母を払うことによって有理数係数の方程式は整数係数の方程式としてもよいことが分かる．代数的数 α を根として持つ最低次数の有理数係数の多項式 $f_\alpha(x)$ は α の $\mathbb{Q}$ 上の最小多項式と呼ばれる．α の $\mathbb{Q}$ 上の最小多項式 $f_\alpha(x)$ は有理数上で既約である．もし，既約多項式でなければ $f_\alpha(x) = g(x)h(x)$ と 2 個の有理数係数の多項式 $g(x)$, $h(x)$ の積となり，α はどちらかの多項式の根となる

ので, $f_\alpha(x)$ が α を根に持つ $\mathbb{Q}$ 上の最小次数の多項式ではなくなるからである. 従って α の次数が n であれば α の $\mathbb{Q}$ 上の最小多項式の次数も n である.

ところで α の $\mathbb{Q}$ 上の最小多項式は定数倍を除いて一意的に決まる. もし $f(x)$ と $g(x)$ が共に α の $\mathbb{Q}$ 上の最小多項式と仮定する. $f(x)$ の最高次の係数を a, $g(x)$ の最高次の係数を b とすると $h(x) = bf(x) - ag(x)$ は有理数係数の多項式であり, かつ $h(\alpha) = 0$ となるので α は $h(x)$ の根である. しかも $h(x)$ の次数は $f(x)$ の次数より低いので最小多項式の定義より $h(x)$ は恒等的に 0 出なければならない. これは $g(x)$ は $f(x)$ の定数倍であることを意味する. 以下, 代数的数 ω の $\mathbb{Q}$ 上の最小多項式は整数係数多項式

$$a_0 + a_1 x + a_2 x^2 + \cdots + a_{n-1} x^{n-1} + a_n x^n$$

であり, かつ $a_0, a_1, a_2, \cdots, a_n$ の最大公約数は 1 であると仮定する. このような多項式を原始多項式という.

特に α が最高次の係数が 1 (このような方程式をモニック方程式という) の整数係数方程式の根であるとき α を**代数的整数**とよぶ.

例えば $\alpha = \dfrac{1 + \sqrt{-3}}{2}$ は[*1]

$$z^2 - z + 1 = 0 \tag{1.1}$$

の根であるので 2 次の代数的整数である. 一方 $\beta = \dfrac{1 + \sqrt{3}}{2}$ は 2 次の代数的数であるが代数的整数ではない. β は 2 次

[*1]　数論では自然数 m に対して $\sqrt{-m} = \sqrt{m}\,i$, i は虚数単位, と約束する.

方程式

$$z^2 - z + \frac{1}{2} = 0 \qquad (1.2)$$

の根ではあるが，整数係数のモニック方程式の根にはならない．代数的数が実数のとき実代数的数という．例えば上の $\beta = \dfrac{1+\sqrt{3}}{2}$ は実代数的数である．

n 次の代数的数 ω に対してその最小多項式の根を

$$\omega^{(1)} = \omega,\ \omega^{(2)},\ \omega^{(3)},\ \cdots,\ \omega^{(n)}$$

とすると $\omega^{(j)}$, $j = 1, 2, \cdots, n$ を ω の**共役数**という．実代数的数 ω の共役数がすべて実数のとき ω は**総実**な代数的数であるという．例えば上の $\beta = \dfrac{1+\sqrt{3}}{2}$ の最小方程式は (1.2) であり β の共役数は $\dfrac{1-\sqrt{3}}{2}$ であるので総実である．また，実代数的数 ω の共役数の共役数 $\omega^{(j)}$ が虚数であればその複素共役 $\overline{\omega^{(j)}}$ も ω の共役数である．最小多項式の係数は有理数であるので $f_\omega(\overline{\omega^{(j)}}) = \overline{f_\omega(\omega^{(j)})} = 0$ となるからである．そこで実代数的数 ω に対してその共役数のうち実数であるものの個数を r_1，虚数であるものの個数を $2r_2$ とすると $n = r_1 + 2r_2$ である．このとき，共役数を $\omega^{(j)}$, $j = 1, 2, \cdots, r_1$ は実数の共役数，$\omega^{(r_1+k)}$, $k \geqq 1$ を虚数であるように番号づけるのが数論の習慣である．さらに通常は $\omega^{(r_1+r_2+l)} = \overline{\omega^{(r_1+l)}}$, $l = 1, 2, \cdots, r_2$ と番号づける．

さらに個々の代数的数だけではなく，代数的数の集合で有理数の全体 $\mathbb{Q}$ と整数の全体 $\mathbb{Z}$ の類似物が必要となる．有

理数の全体 $\mathbb{Q}$ は四則演算で閉じている．四則演算で閉じている数の体系は体と呼ばれる．

定義 1.1　足し算 $+$ と掛け算・が定義され，これらの演算で閉じた集合 K，すなわち $a,b \in K$ であれば $a+b \in K,\ a \cdot b \in K$ がなりたつ集合 K が次の条件を満たすとき**体**と呼ばれる（正確には $(K;+,\cdot)$ を体と呼ぶべきであるが，煩わしいので K を体と呼ぶことが多い．）．

（Ⅰ）K は加法に関してアーベル群である．すなわち以下の性質を持つ．

(Ⅰ-1)（加法性）$a+b=b+a$ である．

(Ⅰ-2)（結合法則）$(a+b)+c=a+(b+c)$

(Ⅰ-3)（零元の存在）任意の $a \in K$ に対して
$$a+0=a$$
となる元 $0 \in K$ が存在する．0 を K の零元と呼ぶ．

(Ⅰ-4)（逆元の存在）任意の $a \in K$ に対して
$$a+b=0$$
となる $b \in K$ が存在する．b は加法に関する a の逆元と呼ばれ $-b$ と記す．

（Ⅱ）積・に関して次の性質を持つ（積の記号は略して $a \cdot b$ のかわりに ab と書くことの方が多い）．

(Ⅱ-1)（結合法則）$(a \cdot b) \cdot c = a \cdot (b \cdot c)$

(II – 2)（単位元の存在）任意の $a \in K$ に対して

$$a \cdot 1 = 1 \cdot a = a$$

となる元 $1 \in K$ が存在する．1 を K の単位元という．

(II – 3)（逆元の存在）任意の $a \in K$ に対して

$$a \cdot b = b \cdot a = 1$$

となる $b \in K$ が存在する．b は a の乗法に関する逆元と呼ばれ a^{-1} と記す．

(III)（分配法則）K の任意の元 a, b, c に対して

$$a \cdot (b+c) = a \cdot b + a \cdot c$$
$$(b+c) \cdot a = b \cdot a + c \cdot a$$

が成り立つ．

積が可換である，すなわち任意の $a, b \in K$ に対して常に

$$a \cdot b = b \cdot a$$

が成り立つとき K を可換体あるいは単に体と呼び，非可換な体を斜体と呼ぶこともある．

　以下では実数の全体 $\mathbb{R}$（以下実数体と呼ぶ）や複素数の全体 $\mathbb{C}$（以下複素数体と呼ぶ）の部分体[2] K でしかも代数的数からなる体が考察の対象となる．このような体を代数的数体と以下呼ぶことにする．代数的数体 K の場合有理数体

---

[2] 体 K の部分集合 F が体 K の足し算，掛け算によって体になるとき F は K の部分体であるという．従って K の零元 0 と単位元 1 は F の零元と単位元でもある．

$\mathbb{Q}$ を必ず含む．$1 \in K$ だから K はすべての整数を含み，従ってすべての分数を含むからである．このことから代数的数体 K は有理数体 $\mathbb{Q}$ 上の線形空間になることが分かる．この線形空間の $\mathbb{Q}$ 上の次元 n を K の $\mathbb{Q}$ 上の拡大次数と言い $[K : \mathbb{Q}] = n$ と記し，K は $\mathbb{Q}$ の n 次拡大体という．次元が無限のときは無限次拡大という．以下では特に断らない限り，$\mathbb{Q}$ 上有限次の拡大体である代数的数体のみを考察し，拡大次数が n のとき n 次代数的数体と呼ぶ．

例 1.2　n 次の代数的数 ω に対して

$$\mathbb{Q}(\omega) = \{b_0 + b_1\omega + b_2\omega^2 + \cdots + b_{n-1}\omega^{n-1} \,|\, b_j \in \mathbb{Q},$$
$$j = 0, 1, 2, \cdots, n-1\}$$

とおくと通常の四則演算で体である．これは次のようにして示される．n 次の代数的数 ω の $\mathbb{Q}$ 上の最小多項式を

$$f(x) = a_0 + a_1 x + a_2 x^2 + \cdots + a_{n-1} x^{n-1} + a_n x^n$$

とする．$f(\omega) = 0$ であるので

$$\omega^n = -\frac{1}{a_n}(a_0 + a_1\omega + a_2\omega^2 + \cdots$$
$$+ a_{n-1}\omega^{n-1}) \in \mathbb{Q}(\omega)$$

である．この等式の両辺に ω を掛け，右辺に出てくる ω^n を上の等式を使って ω の高々 $n-1$ 次式に直すことができるので $\omega^{n+1} \in \mathbb{Q}(\omega)$ であることが分かる．同様に自然数 $m > n+1$ に対しても $\omega^m \in \mathbb{Q}(\omega)$ であることが分かる．これより $\mathbb{Q}(\omega)$ は加減乗に関して閉じていることが分かる．割り

算に関しては次のように考える.

$$0 \neq \beta = b_0 + b_1\omega + b_2\omega^2 + \cdots + b_{n-1}\omega^{n-1} \in \mathbb{Q}(\omega)$$

に対して有理数係数の多項式 $g(x)$ を

$$g(x) = b_0 + b_1 x + b_2 x^2 + \cdots + b_{n-1}x^{n-1}$$

とおくと $g(\omega) = \beta \neq 0$ であるので $g(x)$ と ω の最小多項式 $f(x)$ は定数以外の共通因子を持たないことから

$$p(x)f(x) + q(x)g(x) = 1$$

を満たす有理数係数の多項式 $p(x)$, $q(x)$ が存在する[*3]. この等式の x に ω を代入すると

$$q(\omega)g(\omega) = 1$$

を得る. $\beta = g(\omega)$ であるので, これは

$$\beta^{-1} = q(\omega) \in \mathbb{Q}(\omega)$$

を意味し, $\mathbb{Q}(\omega)$ は除法に関しても閉じている. $\mathbb{Q}(\omega)$ の各元はすべて代数的数である. $\mathbb{Q}(\omega)$ の定義から $[\mathbb{Q}(\omega):\mathbb{Q}] = n$ であることが分かる.

実は $\mathbb{C}$ の部分体 K で $[K:\mathbb{Q}] = n$ であれば $K = \mathbb{Q}(\omega)$ となる n 次代数的数 ω が存在することを示すことが出来, K は n 次代数的数体であることが分かる.

有理数の全体 $\mathbb{Q}$ に対して整数の全体 $\mathbb{Z}$ の関係は代数的数と代数的整数の関係に置き換えて考えることができる. 体 K のすべての元が代数的数のとき, K に含まれる代数的整

[*3] $f(x)$ と $g(x)$ にユークリッドの互除法を適用することによって示すことができる.

数の全体を $\mathcal{O}_K$ と記し K の（代数的）**整数環**とよぶ．$\mathcal{O}_K$ は加減乗に関して閉じており，**可換環** になっている．

可換環は可換体の定義で乗法に関する逆元の存在（II-3）を仮定しない代数系として定義される．正確には次のように定義される．

定義1.3　足し算 + と掛け算・が定義され，これらの演算で閉じた集合 R，すなわち $a,b \in R$ であれば $a+b \in R$, $a \cdot b \in R$ がなりたつ集合 R が次の条件を満たすとき**可換環**と呼ばれる（正確には $(R ; +, \cdot)$ を環と呼ぶべきであるが，煩わしいので R を環と呼ぶことが多い）．

（I）R は加法に関してアーベル群である．すなわち以下の性質を持つ．

（I-1）（加法性）　$a+b=b+a$ である．

（I-2）（結合法則）$(a+b)+c=a+(b+c)$

（I-3）（零元の存在）任意の $a \in R$ に対して
$$a+0=a$$
となる元 $0 \in R$ が存在する．0 を R の零元と呼ぶ．

（I-4）（逆元の存在）任意の $a \in R$ に対して
$$a+b=0$$
となる $b \in R$ が存在する．b は加法に関する a の逆元と呼ばれ $-b$ と記す．

（Ⅱ）積・に関して次の性質を持つ.

    （Ⅱ‒0）（可換性）$a \cdot b = b \cdot a$

    （Ⅱ‒1）（結合法則）$(a \cdot b) \cdot c = a \cdot (b \cdot c)$

    （Ⅱ‒2）（単位元の存在）任意の $a \in R$ に対して

$$a \cdot e = e \cdot a = a$$

        となる元 $e \in R$ が存在する. e を R の単位元
        という.

（Ⅲ）（分配法則）R の任意の元 a, b, c に対して

$$a \cdot (b + c) = a \cdot b = a \cdot c$$
$$(b + c) \cdot a = b \cdot a + c \cdot b$$

が成り立つ.

    積が可換である，すなわち任意の $a, b \in R$ に対して常に

$$a \cdot b = b \cdot a$$

が成り立つ.

    可換環 R の2元 $a \neq 0$, $b \neq 0$ が $ab = 0$ となるとき，a, b
を零因子と呼ぶ. 零因子を持たない可換環を整域という.
例えば整数の全体 $\mathbb{Z}$ は整域である.

例1.4   整数 m は平方数を因数に含まないと仮定する.
このとき代数的数体 $K = \mathbb{Q}(\sqrt{m})$ は2次体と呼ばれる.
$\alpha = a + b\sqrt{m} \in \mathbb{Q}(\sqrt{m})$ の最小多項式は

$$x^2 - 2ax + (a^2 - mb^2)$$

である. 従って α が代数的整数であるため必要十分条件

は $2a$ と a^2-mb^2 が整数となることである．この条件から $a=k/2,\ k\in\mathbb{Z}$ の形をしており，$k^2/4-mb^2\in\mathbb{Z}$ より $b=l/2,\ l\in\mathbb{Z}$ の形をしていることが分かる．そこで

$$\alpha=\frac{k+l\sqrt{m}}{2},\ k,l\in\mathbb{Z}$$

がいつ代数的整数になるかを考える．最小多項式を考えることによって α が代数的整数になるための必要十分条件は

$$k^2\equiv ml^2\ (\mathrm{mod}\,4) \qquad\qquad (*)$$

であることが分かる．これより $m\equiv2\ (\mathrm{mod}\,4)$ であれば k は偶数でなければならず，従って l も偶数でなければならない．すなわち $\alpha=p+q\sqrt{m},\ p,q\in\mathbb{Z}$ が代数的整数である．$m\equiv3\ (\mathrm{mod}\,4)$ のときは k が偶数であれば l も偶数でなければならない．一方，k が奇数のときは l も奇数でなければならない．しかし k,l が奇数であれば $k^2\equiv1\equiv l^2\ (\mathrm{mod}\,4)$ が成り立つので

$$ml^2\equiv m\equiv3\ (\mathrm{mod}\,4)$$

となり $(*)$ は成り立たない．従ってこの場合も $\alpha=p+q\sqrt{m},\ p,q\in\mathbb{Z}$ が代数的整数である．

一方 $m\equiv1\ (\mathrm{mod}\,4)$ のときは k,l が共に奇数のときも $(*)$ を満たす．従ってこの場合の代数的整数は

$$\alpha=\frac{p+q\sqrt{m}}{2}=\frac{p-q}{2}+\frac{1+\sqrt{m}}{2}\,q,$$

$$p\equiv q\ (\mathrm{mod}\,2)$$

の形をしている．$(p-q)/2$ は整数であるので，$Q(\sqrt{m})$ の代数的整数は

$$p+q\frac{1+\sqrt{m}}{2}, \quad p,q \in \mathbb{Z}$$

と書くことが出来る．以上によって

$$\mathcal{O}_{\mathbb{Q}(\sqrt{m})} = \begin{cases} \{p+\frac{1+\sqrt{m}}{2}q \mid p,q \in \mathbb{Z}\} & m \equiv 1 \pmod 4 \\ \{p+q\sqrt{m} \mid p,q \in \mathbb{Z}\} & m \equiv 2,3 \pmod 4 \end{cases}$$

である．

　代数的整数環では素因数分解の一意性が必ずしも成り立たない．例えば 2 次体 $\mathbb{Q}(\sqrt{-5})$ では

$$6 = 2\cdot 3 = (1+\sqrt{-5})(1-\sqrt{-5})$$

と二通りに分解できるが，この二通りの分解に出てくる代数的整数はこれ以上代数的整数の積に分解できない[*4]．素因数分解の一意性が必ずしも成立しないためにデデキントはイデアルの概念を導入して代数的整数環の任意のイデアルは順序を無視すれば素イデアルの積に一意的に分解するという形に素因数分解の一意性を拡張した．

[*4]　正確には代数的整数環の単数の積は無視して考える．ここで単数とは ε と ε^{-1} が共に代数的整数となる代数的数のことである．$\mathcal{O}_{\mathbb{Q}(\sqrt{-5})}$ の単数は ± 1 のみである．一方 $\mathcal{O}_{\mathbb{Q}(\sqrt{2})}$ では $\pm(1+\sqrt{2})^n$, $n = 0, \pm 1, \pm 2, \cdots$ が単数であり，単数は無限個ある．

> **定義 1.5** 可換環 R の部分集合 I は以下の性質を持つとき R の**イデアル**と言われる.
> (1) 任意の $\alpha, \beta \in I$ に対して $\alpha + \beta \in I$
> (2) 任意の $\alpha \in I$ と任意の $r \in R$ に対して
> $$r\alpha \in I$$
>   可換環 R のイデアル I は次の条件を満たすとき **素イデアル**という.
> • $a, b \in R$ に対して $ab \in I$ であれば $a \in I$ または $b \in I$

この条件は剰余環 R/I が整域であると言い換えることができる[*5].

可換環 R の元 $a_1, a_2, \cdots, a_m$ に対して

$$J = \{ r_1 a_1 + r_2 a_2 + \cdots + r_m a_m \mid r_j \in R,$$
$$j = 1, 2, \cdots, m \}$$

とおくと J は R のイデアルである. これを $a_1, a_2, \cdots, a_m$ から生成される R のイデアルと言い $(a_1, a_2, \cdots, a_m)$ と記す. 唯

[*5] 可換環 R のイデアル I に対して R に同値関係 $\equiv$ を

$$a \equiv b \iff a - b \in I$$

で導入する. 以下この同値関係を $a \equiv b \pmod{I}$ と記すことにする. このときこの同値関係による $a, b \in R$ の属する同値類を $[a], [b]$ と記す. 同値類に関して和を $[a] + [b] = [a+b]$, 積を $[a] \cdot [b] = [ab]$ で定義すると同値類の全体は $[0]$ を零元, $[1]$ を単位元とする可換環の構造を持つことが示される. こうしてできる可換環を R のイデアル I による剰余環といい R/I と記す.

1個の元 a から生成されるイデアル (a) を単項イデアルという.

■■ 補題 1.6 ■■

整数の全体 $\mathbb{Z}$ のイデアルはすべて単項イデアルであり, (0) 以外のイデアルは自然数から生成される. 素イデアルは (0) または素数 p から生成されるイデアル (p) である.

[証明] $\mathbb{Z}$ のイデアル $I \neq (0)$ は正整数を含んでいる. I に含まれる最小の正整数を a とする. 整数 $r \in I$ は $r = ca + d$, $0 \leq d \leq a-1$ と表すことができる. イデアルの定義 (2) より $-ca \in I$ であり, 定義 (1) より $d = r - ca \in I$ であることが分かる. $d > 0$ とすると a より小さい正整数が I に含まれることになり, a が I に含まれる最小の正整数という仮定に反する. 従って $d = 0$ であり, $r = ca$ であることが分かる. すなわち I の各元は a の倍数となり $I = (a)$ である.

イデアル $I = (a) \neq (0)$ の生成元 a が合成数であると仮定する. $a = mn$, $m \geq 2$, $n \geq 2$ であり, $m \notin (a)$, $n \notin (a)$ であるが $mn = a \in (a)$ であるので素イデアルではない. 一方 a が素数のときは $mn \in (a)$ であれば $mn = ka$ より素数 a は m または n を割り切る. 従って m または n は (a) に含まれる.

[証明終]

可換環 R のイデアル I, J に対してその積 IJ を I と J の元の積のすべてから生成されるイデアル，すなわち

$$\sum_{1 \leq i \leq m, 1 \leq j \leq n} r_{ij} a_i b_j,$$

$$r_{ij} \in R, \ a_i \in I, \ b_j \in J, \ m, n \in 1, 2, \cdots$$

の全体からなるイデアルと定義する．
$I = (c_1, c_2, \cdots, c_k), \ J = (d_1, d_2, \cdots, d_l)$ の場合は

$$IJ = (c_1 d_1, c_1 d_2, \cdots, c_k d_l)$$

であることが分かる．

次の定理が素因数分解の整数環での対応物である．デデキントによって初めて証明された．

定理 1.7 代数的数体 K の整数環 $\mathcal{O}_K$ のイデアルは素イデアルの積に順序を除いて一意的に分解できる．

例 1.8 2次体 $K = \mathbb{Q}(\sqrt{-5})$ の整数環 $\mathcal{O}_K$ のイデアル (2) を考える．

$$1 + \sqrt{-5} \notin (2), \quad 1 - \sqrt{-5} \notin (2)$$

であることは簡単に分かる．一方

$$(1 + \sqrt{-5})(1 - \sqrt{-5}) = 6 \in (2)$$

であるので (2) は素イデアルではない．一方 $I = (2, 1 + \sqrt{-5})$ は $\mathcal{O}_K$ の素イデアルである．何故ならば $\mathcal{O}_K$ の任意の元は $a + b\sqrt{-5}, a, b \in \mathbb{Z}$ と書けるので，$(\mathrm{mod}\, 2)$ で $0, 1, \sqrt{-5},$ $1 + \sqrt{-5}$ のいずれかと合同となり，さらに $\sqrt{-5} \equiv -1 (\mathrm{mod}\, I)$

であるので $\mathcal{O}_K/I$ は 0 と 1 の剰余類 2 個からなる体，2 元体であり，整域であるので $I=(2,1+\sqrt{-5})$ は素イデアルである．また $-2\sqrt{-5}\in I$ より

$$1-\sqrt{-5}=1+\sqrt{-5}-2\sqrt{-5}\in I$$

より $(2,1-\sqrt{-5})\subset I$ である．同様の議論で $I\subset(2,1-\sqrt{-5})$ とが示され，$(2,1-\sqrt{-5})=I$ である．さらに

$$\begin{aligned}I^2&=(2,1+\sqrt{-5})(1,2-\sqrt{-5})\\&=(4,2+2\sqrt{-5},2-2\sqrt{-5},6)=(2)\end{aligned}$$

であることが分かる．

同様に (3) は素イデアルではないが，上と同様の議論で $J_1=(3,1+\sqrt{-5})$，$J_2=(3,1-\sqrt{-5})$ は $\mathcal{O}_K$ の素イデアルであることが示される[*6]．
今度は $1-\sqrt{-5}\notin(3,1+\sqrt{-5})$ であるので $(3,1+\sqrt{-5})\neq(3,1-\sqrt{-5})$

$$(3,1+\sqrt{-5})(3,1-\sqrt{-5})=(9,3+3\sqrt{-5},3-3\sqrt{-5},6)=(3)$$

が成り立つ．従って $6=2\cdot3=(1+\sqrt{-5})\,(1+\sqrt{-5})$ はイデアルで考えると

$$(6)=I^2J_1J_2$$

と素イデアル分解できる．このようにして，必ずしも成立しない素因数分解の一意性は素イデアル分解の一意性に代えることによって救われることになる．

以下代数的整数環のイデアルを考察するときは，素数と

[*6] $\mathcal{O}_K/J_1$, $\mathcal{O}_K/J_2$ は共に 0, 1, 2 の剰余類からなる 3 元体（3 個の元からなる体）である．

の類似から素イデアルと言うときは
零イデアル (0) は除外して考えることとする.

　代数的数体 K の整数環 $\mathcal{O}_K$ のイデアル $\mathfrak{a}$ に関して剰余環
$\mathcal{O}_K/\mathfrak{a}$ は有限個の元からなる. この元の個数をイデアル $\mathfrak{a}$ の
ノルムといい $N(\mathfrak{a})$ と記す.

$$N(\mathfrak{a}) = \#(\mathcal{O}_K/\mathfrak{a})$$

一方, n 次代数的数 ξ のノルム $N(\xi)$, より正確に記すと
$N_{K/\mathbb{Q}}(\xi),\ (K = \mathbb{Q}(\xi))$ は ξ の共役数を使って

$$N(\xi) = \xi^{(1)}\xi^{(2)}\cdots\xi^{(n)}$$

と定義される. ξ が代数的整数のとき ξ が生成する $\mathcal{O}_K$ のイ
デアルと (ξ) と記すとこのイデアルのノルムは代数的数とし
てのノルム $N(\xi)$ の絶対値と一致する. すなわち

$$N((\xi)) = |N(\xi)|$$

が成り立つ.

2. 超越数

　代数的数と正反対の数が超越数である. すなわち, いかなる
整数係数の代数方程式の根とならない数を超越数という. 超越
数の問題は最初円周率 π と関係して興味を持たれた. 古代ギ
リシアの三大作図問題の一つ, 円と同じ面積を持つ正方形を定
規とコンパスのみを使って作図せよという問題 (円積問題) は
長い間解決できなかった. これは円周率 π が四則演算と平方
根をとる操作によって表現することが出来るか, 従って特に円

周率は代数的数であるかという問題に帰着する. π は超越数であることがリンデマン（Carl Louis Ferdinand von Lindemann, 1852 – 1939）によって 1882 年に証明され，円積問題は否定的に解決した.

以下有理数 $\dfrac{p}{q}$ と記すときは p, q は整数で $q > 0$ と仮定する. 超越数の問題に重要な結果を初めて与えたのはリューヴィル（Joseph Liouville, 1809 – 1882）である. 彼は実数の超越数が存在することを初めて示した. リューヴィルは 1851 年に次の定理を発表した[7].

定理 2.1　n 次の代数的数 ω が実数であれば整数 p および自然数 q をどのように選んでも

$$\left| \omega - \frac{p}{q} \right| > \frac{M}{q^n}$$

が成り立つような正数 M が存在する. ただし $n = 1$ のときは $\omega \neq \dfrac{p}{q}$ と仮定する.

この定理から実数が超越数であるための十分条件が得られる.

系 2.2　実数 ω に対して正整数 n と正数 M をどのように選んでも

---

[7]　J. Liouville: J. de Math. Pure et Appl. 16（1851）

$$\left|\omega - \frac{p}{q}\right| \leqq \frac{M}{q^n}$$

を満たすような整数 p と自然数 q が存在すれば ω は超越数である.

　リューヴィルは次のような数を考えた. ℓ を2以上の正整数とし

$$\omega = \frac{1}{\ell} + \frac{1}{\ell^{2!}} + \frac{1}{\ell^{3!}} + \cdots + \frac{1}{\ell^{n!}} + \cdots$$

を考える. $\ell \geqq 2$ であるので右辺は収束する.

$$q_j = \ell^{j!}, \ j = 1, 2, \cdots$$

とおいて有理数 $\dfrac{p_j}{q_j}$ を

$$\frac{p_j}{q_j} = \frac{1}{\ell} + \frac{1}{\ell^{2!}} + \frac{1}{\ell^{3!}} + \cdots + \frac{1}{\ell^{j!}}$$

で定める. このとき

$$
\begin{aligned}
\omega - \frac{p_j}{q_j} &= \frac{1}{\ell^{(j+1)!}} + \frac{1}{\ell^{(j+2)!}} + \frac{1}{\ell^{(j+3)!}} + \cdots \\
&= \frac{1}{\ell^{(j+1)!}}\left(1 + \frac{1}{\ell^{j+2}} + \frac{1}{\ell^{(j+2)(j+3)}} + \cdots\right) \\
&< \frac{1}{\ell^{(j+1)!}}\left(1 + \frac{1}{\ell} + \frac{1}{\ell^2} + \frac{1}{\ell^3} + \cdots\right) \\
&= \frac{1}{\ell^{(j+1)!}} \cdot \frac{\ell}{\ell-1} < \frac{2}{\ell^{(j+1)!}}
\end{aligned}
$$

が成り立つ. $\omega - \dfrac{p_j}{q_j} > 0$ に注意すると

$$\left|\omega-\frac{p_j}{q_j}\right|<\frac{2}{q_j^{j+1}}$$

が成り立つことが分かる. さて任意に正整数 n と正数 M を選ぶと

$$\frac{2}{q_j^{j+1-n}}<M$$

が成り立つような j を見つけることができる. このとき $p=p_j,\ q=q_j$ とおくと

$$\left|\omega-\frac{p}{q}\right|<\frac{2}{q_j^{j+1-n}}\cdot\frac{1}{q^n}<\frac{M}{q^n}$$

が成立する. 従って上の系 2.2 より ω は超越数である.

リューヴィルの定理 2.1 の証明をしておこう. リューヴィルの証明を少し修正した形で紹介する. n 次の実代数的数 ω の満たす整数係数 n 次方程式を

$$f(x)=ax^n+a_1x^{n-1}+\cdots+a_{n-1}x+a_n=0$$

とし, ω 以外の根を $\omega_2,\omega_3,\cdots,\omega_n$ とする.

$$\begin{aligned}f(p,q)&=q^nf\left(\frac{p}{q}\right)\\&=ap^n+a_1p^{n-1}q+\cdots+q_{n-1}pq^{n-1}+a_nq^n\end{aligned}$$

とおく. $f(p,q)$ は 0 ではない整数である. そこで $\delta>0$ を閉区間 $[\omega-\delta,\omega+\delta]$ 内に $f(x)$ は ω 以外の根を持たないないように選ぶ. すると $\dfrac{p}{q}\in[\omega-\delta,\omega+\delta]$ に対して

$$\left|\omega-\frac{p}{q}\right|=\left|\frac{f\left(\dfrac{p}{q}\right)}{a\left(\dfrac{p}{q}-\omega_2\right)\left(\dfrac{p}{q}-\omega_3\right)\cdots\left(\dfrac{p}{q}-\omega_n\right)}\right|$$

$$=\frac{|f(p,q)|}{\left|q^n\cdot a\left(\dfrac{p}{q}-\omega_2\right)\left(\dfrac{p}{q}-\omega_2\right)\cdots\left(\dfrac{p}{q}-\omega_n\right)\right|}$$

が成り立つ. 閉区間 $[\omega-\delta,\omega+\delta]$ での

$$|a(x-\omega_2)(x-\omega_3)\cdots(x-\omega_n)|$$

の最大値を A とする. $f(p,q)$ は整数でありかつ $f(p,q)\neq 0$ で
あるので

$$\left|\omega-\frac{p}{q}\right|\geqq\frac{|f(p,q)|}{Aq^n}\geqq\frac{1}{Aq^n}$$

が成り立つ. 一方 $\dfrac{p}{q}\notin[\omega-\delta,\omega+\delta]$ に対しては

$$\left|\omega-\frac{p}{q}\right|\geqq\delta$$

が成り立つ. 従って $0<M<\min\left\{\delta,\ \dfrac{1}{A}\right\}$ をとると $\dfrac{p}{q}\neq\omega$ で
ある限り

$$\left|\omega-\frac{p}{q}\right|>\frac{M}{q^n}$$

が成り立つ. 以上でリューヴィルの定理は証明された.

　このようにリューヴィルの定理は簡単に証明でき深い定理で
はない. この定理をさらに深めてその後の数論の進展に大き
な影響を与えたのはノルウェーの数学者トゥーエ（Axel Thue,
1863 - 1922）であった. このトゥーエの定理の精密化がジーゲ
ルの学位論文の主題となった.

3. 連分数

　上述した代数的数の有理数近似に関するリューヴィルの不等式の精密化を考えるために逆向きの不等式を考える．そのために連分数について少し述べておこう．

　実数 α に対して記号 $[\alpha]$ は α を超えない最大の整数を意味する．そこで無理数 ω に対して

$$\omega = c_0 + \omega_1,\ c_0 = [\omega],\ 0 < \omega_1 < 1$$

$$\frac{1}{\omega_1} = c_1 + \omega_2,\ c_1 = [1/\omega_1],\ 0 < \omega_2 < 1$$

$$\frac{1}{\omega_2} = c_2 + \omega_3,\ c_2 = [1/\omega_2],\ 0 < \omega_3 < 1$$

$$\cdots\cdots\cdots$$

$$\cdots\cdots\cdots$$

$$\frac{1}{\omega_{n-1}} = c_{n-1} + \omega_n,\ c_{n-1} = [1/\omega_{n-1}],\ 0 < \omega_n < 1$$

$$\frac{1}{\omega_n} = c_n + \omega_{n+1},\ c_n = [1/\omega_n],\ 0 < \omega_{n+1} < 1$$

$$\cdots\cdots\cdots$$

$$\cdots\cdots\cdots$$

を考える．$k \geqq 1$ のときは c_k は正整数である．ところで ω が有理数の場合も上のプロセスを考えることができるが，この場合プロセスは有限回で終わる．無理数であれば無限に続く．

　このとき

$$\omega = c_0 + \omega_1 = c_0 + \cfrac{1}{\cfrac{1}{\omega_1}} = c_0 + \cfrac{1}{c_1 + \omega_2}$$

$$= c_0 + \cfrac{1}{c_1 + \cfrac{1}{c_2 + \omega_3}}$$

············

············

$$= c_0 + \cfrac{1}{c_1 + \cfrac{1}{c_2 + \cfrac{1}{\ddots + \cfrac{1}{c_{n-1} + \cfrac{1}{c_n + \omega_{n+1}}}}}}$$

と書くことができ，これを続けることによって無理数 ω の無限連分数展開

$$\omega = c_0 + \cfrac{1}{c_1 + \cfrac{1}{c_2 + \cfrac{1}{c_3 + \cfrac{1}{c_4 + \cfrac{1}{\ddots + \cfrac{1}{c_n + \cfrac{1}{\ddots}}}}}}}$$

が定まる．そこで

$$p_0 = c_0, \quad q_0 = 1, \quad p_1 = c_1 c_0 + 1, \quad q_1 = c_1$$

とおく．これは

$$c_0 = \frac{p_0}{q_0}, \quad c_0 + \frac{1}{c_1} = \frac{p_1}{q_1}$$

を意味している．さらに $n \geqq 1$ に対して

$$p_{n+1} = c_{n+1}p_n + p_{n-1}$$

$$q_{n+1} = c_{n+1}q_n + q_{n-1}$$

と定義する. $n \geq 1$ のとき $c_n \geq 1$ であるのでこの定義より

$$q_1 < q_2 < q_3 < \cdots < q_n < q_{n+1} < \cdots$$

であることが分かり

$$\lim_{n \to \infty} q_n = +\infty$$

であることが分かる.

■ 補題 3.1 ■■■■■■■■■■■■■■■■■■■■■■■■■■■■■■

$$q_n p_{n+1} - p_n q_{n-1} = (-1)^n$$

[証明]　n に関する数学的帰納法で証明する.

$$q_1 p_0 - p_1 q_0 = c_1 c_0 - (c_1 c_0 + 1) = -1$$

より $n = 1$ のとき補題は正しい. そこで $n = m$ のとき補題が成り立つと仮定する.

$$q_m p_{m-1} - p_m q_{m-1} = (-1)^m$$

すると

$$q_{m+1} p_m - p_{m+1} q_m$$
$$= (c_{m+1}q_m + q_{m-1})p_m - (c_{m+1}p_m + p_{m-1})q_m$$
$$= -(q_m p_{m-1} - p_m q_{m-1})$$
$$= -(-1)^m = (-1)^{m+1}$$

となり $n = m+1$ のときも補題が成り立つことが分かる.

[証明終]

■ 補題 3.2 ■■■■■■■■■■■■■■■■■■■■■■■■■■■■■■■■■■

無理数 ω に対して

$$\omega = \frac{p_n + \omega_{n+1} p_{n-1}}{q_n + \omega_{n+1} q_{n-1}}, \quad n = 1, 2, \cdots$$

が成り立つ.

[証明] n に関する数学的帰納法で証明する.

$$\omega = c_0 + \frac{1}{c_1 + \omega_2}$$

$$= \frac{(c_1 c_0 + 1) + \omega_2 c_0}{c_1 + \omega_2} = \frac{p_1 + \omega_2 p_0}{q_1 + \omega_2 q_0}$$

となるので $n = 1$ のとき補題は正しい.

そこで $n = m$ のとき補題が正しいと仮定する.

$$\omega = \frac{p_m + \omega_{m+1} p_{m-1}}{q_m + \omega_{m+1} q_{m-1}}$$

すると

$$\omega = \frac{p_m + \omega_{m+1} p_{m-1}}{q_m + \omega_{m+1} q_{m-1}}$$

$$= \frac{\dfrac{1}{\omega_{m+1}} p_m + p_{m-1}}{\dfrac{1}{\omega_{m+1}} q_m + q_{m-1}}$$

$$= \frac{(c_{m+1} + \omega_{m+2}) p_m + p_{m-1}}{(c_{m+1} + \omega_{m+2}) q_m + q_{m-1}}$$

$$= \frac{(c_{m+1} p_m + p_{m-1}) + \omega_{m+2} p_m}{(c_{m+1} q_m + q_{m-1}) + \omega_{m+2} q_m}$$

$$= \frac{p_{m+1} + \omega_{m+2} p_m}{q_{m+1} + \omega_{m+2} q_m}$$

従って $= m+1$ のときも補題が成立する. [証明終]

以上の準備のもとで次の定理を証明する.

定理 3.3　無理数 ω に対して

$$\left|\omega-\frac{p_n}{q_n}\right|<\frac{1}{q_n^2},\ n=1,2,\cdots$$

が成り立つ.

証明　補題 3.2, 補題 3.1 より

$$\omega-\frac{p_n}{q_n}=\frac{p_n+\omega_{n+1}p_{n-1}}{q_n+\omega_{n+1}q_{n-1}}-\frac{p_n}{q_n}$$

$$=\frac{q_n(p_n+\omega_{n+1}p_{n-1})-p_n(q_n+\omega_{n+1}q_{n-1})}{q_n(q_n+\omega_{n+1}q_{n-1})}$$

$$=\frac{\omega_{n+1}(q_np_{n-1}-p_nq_{n-1})}{q_n(q_n+\omega_{n+1}q_{n-1})}$$

$$=\frac{(-1)^n\omega_{n+1}}{q_n(q_n+\omega_{n+1}q_{n-1})}$$

が成り立つことが分かる. $0<\omega_{n+1}<1,\ 0<q_n,\ 0<q_{n+1}$ より

$$\left|\omega-\frac{p_n}{q_n}\right|<\frac{1}{q_n^2}$$

が成立する. 　　　　　　　　　　　　　　　　　　［証明終］

この定理はすべての無理数に対して成り立つが, 定理 3.3 の精密化の際の重要な指針となる. 自然な疑問は $\varepsilon>0$ のとき, 無理数 ω に対して

$$\left|\omega-\frac{p}{q}\right|<\frac{1}{q^{2+\varepsilon}}$$

を満たす整数 p および自然数 q は無限にあるかである．この問題へのブレイクスルーは 1908 年トゥーエによって初めて得られた．

第3章

学位論文

---

1. トゥーエ・ジーゲルの定理

ジーゲルの学位論文は実代数的数の有理数近似に関するトゥーエの定理の精密化である.

[2] Approximation algebraischer Zahlen (代数的数の近似), Math. Zeitschrift. 10 (1921), 173-213.

論文の前につけた数字はジーゲル全集の論文番号である. 以下, 一々注記しない.

トゥーエは 1908 年に次の定理を発表した[*1].

[*1] 1908 年の論文はノルウェー語で記されており, 独文の論文は翌年出版された.

A. Thue : Om en generel i store hele tal uløsbar ligning. Skrifter udgivne af Videnskabs–Selskabet i Christiania, 1908.

A. Thue : Über Annäherungwerte algebraischer Zahlen. J. reine angew. Math. 135 (1909), 284–305.

定理 1.1　（トゥーエの定理）

　n 次実代数的数 ω に対して $M>0$. $\varepsilon>0$ を任意に選ぶと

$$\left|\omega-\frac{p}{q}\right|<\frac{M}{q^{n/2+1+\varepsilon}}$$

を満たす整数 p および自然数 q は有限個しかない．ただし $n\geqq2$ と仮定する．

　この定理を使ってトゥーエは整数係数の 2 変数の 3 次既約方程式は有限個の整数解しか持たないことを示した．ジーゲルの学論文はトゥーエのこうした結果のさらなる一般化であった．

　トゥーエの定理では ω は実 n 次代数的数と仮定しているが，実でない代数的数の場合は虚部が 0 でないので実数 q/p で ω を近似する限り

$$\left|\omega-\frac{p}{q}\right|\geqq|\mathrm{Im}\,\omega|>0$$

であるので, q が十分大きければ

$$|\mathrm{Im}\,\omega|>\frac{M}{q^{n/2+1+\varepsilon}}$$

となり，上の不等式を満たす p, q が有限個しかないこと明らかである．

　さてジーゲルはトゥーエの定理を次の形に精密化した．

定理 1.2（ジーゲルの定理）

$n \geqq 2$ のとき n 次代数的数 ω に対して

$$\left| \omega - \frac{p}{q} \right| < \frac{1}{q^{2\sqrt{n}}}$$

を満た整数 p および自然数 q は有限個しかない.

さらに不等式の右辺の q のべき $2\sqrt{n}$ は ε を任意に固定して

$$\min_{\lambda=1,\cdots,n} \left(\frac{n}{\lambda+1} + \lambda \right) + \varepsilon$$

に置き換えることができることも示している. $n \geqq 7$ のとき
はこの数値の方が $2\sqrt{n}$ より小さくできる. さらにジーゲル
は有理数による近似だけでなく，$h < n$ のとき h 次の代数的
数による近似に関しても次の結果を得ている.

定理 1.3（ジーゲルの定理）

$n \geqq 2,\ h < n$ のとき，n 次代数的数 ω に対して

$$|\omega - \zeta| < \frac{1}{H(\zeta)^{2h\sqrt{n}}}$$

を満たす h 次の代数的数 ζ は有限個しか存在しない. こ
こで $H(\zeta)$ は ζ の高さである[*2].

[*2] 代数的数 ζ の整数係数の原始最小多項式，すなわち ζ の整数係数の最
小多項式

$$a_0 + a_1 x + \cdots + a_{n-1} x c^{n-1} + a_n x^n$$

のうちで $a_0, a_1, \cdots, a_n$ の最大公約数が 1 であるものを考え

$$H(\zeta) = \max \{|a_0|, |a_1|, \cdots, |a_n|\}$$

を ζ の**高さ**と呼ぶ.

この定理でも不等式の右辺の $H(\zeta)$ のベキを

$$\min_{\lambda=1,\cdots,n}\left(\frac{n}{\lambda+1}+\lambda\right)h+\varepsilon$$

に置き換えることができる.

1.1　トゥーエ・ジーゲルの定理の証明の概略

　トゥーエ・ジーゲルの定理の証明は背理法によるもので大変込み入っている.　しかもジーゲルは有理数だけでなく代数的数による近似も考えているのでさらに複雑になっている.　ここでは,　ジーゲル自身が代数的整数の有理数近似の場合に限って簡易化した証明を与えている論文

　　［6］ Ueber Thuesche Satz（トゥェの定理について），
　　Skrifter utgit av Videnskapsselskapet i Kristiania 1921，
　　I Matematisk–Naturvidenskabelig Klasse, 2 Bind, Nr.
　　16（Siegel 全集 I, p. 103–112）.

に基づいて証明の概略を述べておこう.　すなわち

定理 1.4

　任意の正数 ε を一つ固定したとき，n 次の実代数的整数 α に対して

$$\left|\alpha-\frac{p}{q}\right|\leqq\frac{1}{q^{2\sqrt{n}}} \tag{1.1}$$

を満たす整数 p, q $(q>0)$ は有限個しかない.　ただし $n\geqq2$ とする.

という形での簡易化された証明を紹介しておこう．簡易化と言っても十分に複雑であり，ジーゲルの本来の証明がきわめて複雑であることは体感できると思う．ただし，証明の本質は変わっていないことを注意しておきたい．またすべての証明は比較的簡単な事実の積み重ねであるが，その構成は全体像が見えてこないと簡単でない．

　証明は背理法によるが，そのための準備として3つの補題が必要となる．補題の証明も最初の原稿では用意していたが，長くなるので他日を期して本書では割愛することにし，補題を使った定理の証明のみを述べることにする．それでも，証明の複雑さは十分に体感できると思う．

■ 補題 1.5 ■

　$n \geqq 2$ 次の実代数的整数に対して自然数 r および $s \leqq n-1$ と正数 $0 < \vartheta < 1$ に対して以下の条件を満たす2変数多項式 $F(x, y)$, $G(x, y)$, $R(x, y)$ が存在する．

I．$F(x, y)$, $G(x, y)$ は代数体 $K = \mathbb{Q}(\xi)$ の整数を係数に持ち

$$\deg_x F(x, y) \leqq m, \quad \deg_y F(x, y) \leqq s$$
$$\deg_x G(x, y) \leqq m+r, \quad \deg_y G(x, y) \leqq s-1$$

ただし

$$m = \left[\left(\frac{n+\vartheta}{s+1} - 1 \right) r \right] \tag{1.2}$$

である．ここで $[c]$ は c を超えない最大の整数を表す．

II．$R(x, y)$ は次の条件を満たす．

（1）　$R(x, y)$ は整数係数多項式であり

$$(x-\xi)^r F(x, y) + (y-\xi) G(x, y) = R(x, y) \qquad (1.3)$$

を満たす.

（2）　$\deg_x R(x, y) \leqq m+r, \quad \deg_y R(x, y) \leqq s$

（3）　ξ, ϑ に依存し r, s には依存しない正数 c_1, c_2 で次の性質を持つものが存在する.

ⅰ．　$R(x, y)$ のすべての係数の絶対値は c_1^r より真に小さい.

ⅱ．　任意の整数 $0 \leqq \rho \leqq r-1$ に対して

$$F_\rho(x, y) = \sum_{\lambda=0}^{\rho} \binom{r}{\rho-\lambda} (x-\xi)^\lambda \frac{\partial^\lambda F(x, y)}{\lambda! \, \partial x^\lambda} \qquad (1.4)$$

$$G_\rho(x, y) = \frac{\partial^\rho Gx(x, y)}{\rho! \, \partial x^\rho} \qquad (1.5)$$

$$R_\rho(x, y) = \frac{\partial^\rho R(x, y)}{\rho! \, \partial x^\rho} \qquad (1.6)$$

とおくと

$$(x-\xi)^{r-\rho} F_\rho(x, y) + (y-\xi) G_\rho(x, y) = R_\rho(x, y) \qquad (1.7)$$

および評価式

$$\begin{cases} |F_\rho(x, y)| < c_2^r (1+|x|)^m (1+|y|)^s \\ \qquad \leqq c_2^r (1+|x|)^{m+r} (1+|y|)^s \\ |G_\rho(x, y)| < c_2^r (1+|x|)^{x-\rho-1} (1+|y|)^{s-1} \\ \qquad \leqq c_2^r (1+|x|)^{m+r} (1+|y|)^s \end{cases} \qquad (1.8)$$

が成立する.

　証明の本質は整数係数の多項式を考えているのでディリクレの部屋割り論法[*3] をうまく使う所にある．そのための準備が大変ではあるが．

　さて，$\xi, n, s, \vartheta, R(x, y)$ は補題 1.5 と同一とする．さらに

$$r \geqq 2n^2, \quad \vartheta \leqq \frac{1}{2}$$

と仮定する．そこで

$$R(x, y) = \sum_{\mu=0}^{s} f_\mu(x) y^\mu$$

と展開すると $f_\mu(x)$ は整数係数の多項式である．$\{f_\mu(x)\}$ のうちで $\mathbb{Q}$ 上 1 次独立なものは $s'+1$ 個であるとし，それを $f_{\lambda_0}, f_{\lambda_1}, \cdots, f_{\lambda_{s'}}$ とする．$R(x, y) \not\equiv 0$ であるので $s' \geqq 0$ である．そこで

$$\Delta(x) = \begin{vmatrix} f_{\lambda_0}(x) & f_{\lambda_1}(x) & \cdots & f_{\lambda_{s'}}(x) \\ f'_{\lambda_0}(x) & f'_{\lambda_1} & \cdots & f'_{\lambda_{s'}}(x) \\ \vdots & \vdots & \cdots & \vdots \\ f_{\lambda_0}^{(s')}(x) & f_{\lambda_1}^{(s')}(x) & \cdots & f_{\lambda_{s'}}^{(s')}(x) \end{vmatrix} \quad (1.9)$$

とおく．$f_{\lambda_0}, f_{\lambda_1}, \cdots, f_{\lambda_{s'}}$ は $\mathbb{Q}$ 上 1 次独立であるので $\Delta \not\equiv 0$ である．このとき次の補題が成立する．

[*3] 「鳩の巣箱原理」と最近呼ばれることが多くなった．英語で pigeonhole priniciple と呼ばれることからこのような訳語が使われるようになったようであるが，辞書を引けばすぐ分かるように pigeonhole の第一義は仕切り箱や分類棚のことで，鳩小屋の仕切り巣箱は第二義的な意味でしかない．「鳩の巣箱原理」は，ディリクレの部屋割り論法が 19 世紀から整数論で使われてきた歴史を知らない無知による誤訳でしかない．

■ **補題 1.6** ■■■■■■■■■■■■■■■■■■

$\eta \neq \xi^{(\nu)}$, $\nu = 1, 2, \cdots, n$ である代数的 η を一つ固定すると

$$\Delta^{(\gamma)}(\eta) = \left(\frac{d^{\gamma} \Delta(x)}{dx^{\gamma}} \right)_{x = \eta} \neq 0$$

となる γ, $0 \leq \gamma \leq \vartheta r + (n-1)n$ が存在する.

■ **補題 1.7** ■■■■■■■■■■■■■■■■■■

$\xi, m, n, r, s, c_1, \vartheta$ は補題 1.5 と同じとする. さらに r, ϑ に関しては補題 1.6 と同様に

$$r \geq 2n^2, \ \vartheta \leq \frac{1}{2}$$

と仮定する. p_1/q_1, p_2/q_2, $q_1 > 0$, $q_2 > 0$ は既約分数とし

$$q_2 \geq c_1^r$$

が成り立つと仮定する. このとき非負整数 $\rho < \vartheta + n^2$ と ξ と ϑ のみに依存する自然数 c_{13} で

$$\begin{aligned}
E_1 &= c_{13}^r q_1^{m+r} q_2^s \left| \xi - \frac{p_1}{q_1} \right|, \\
E_2 &= c_{13}^r q_1^{m+r} q_2^s \left| \xi - \frac{p_2}{q_2} \right|
\end{aligned} \tag{1.10}$$

の少なくとも一方は 1 より真に大きいようにできるものが存在する.

　以上の補題を使って定理 1.4 を証明する. ジーゲルは実際は上の定理より少し強い形で定理の証明を行っている.

　θ を $0 < \theta < 1$ の範囲で選んで一つ固定する. また s は今まで通り $n-1$ 以下の自然数とする. そこで

$$\beta = \frac{n}{s+1} + s + \theta \tag{1.11}$$

とおく．ジーゲルは

$$\left|\xi - \frac{x}{y}\right| \leq \frac{1}{y^{\beta}} \qquad (1.12)$$

を満たす整数解 $x, y, (y>0)$ は有限個しかないことを背理法で証明する．

（1.12）が x および $y>0$ に関して無限個の整数解を持つと仮定する．補題 1.5 の ϑ を

$$\vartheta = \frac{\theta}{8n} \qquad (1.13)$$

ととる．この ϑ に対して補題 1.5 と補題 1.7 の c_1 および c_{13} を選ぶ．そこで（1.12）の整数解 $x=p_1$, $y=q_1$ を互いに素で

$$q_1 > \max\{c_1,\ c_{13}^{4/\theta}\} \qquad (1.14)$$

が成り立つようにとる．整数解が無限個あるのでこのような解を選ぶことができる．さらに互いに素である（1.12）の整数解 $x=p_2$, $y=q_2$ を

$$q_2 > q_1^{8n^3/\theta+1} \qquad (1.15)$$

が成り立つように選ぶ．これも整数解が無限個あることから可能である．そこで自然数 r を

$$r = \left[\frac{\log q_2}{\log q_1}\right] \qquad (1.16)$$

ととる．

このとき（1.13）より $\vartheta < \frac{1}{2}$ が成り立ち，従って

$$\frac{8n}{\theta} > 2$$

が成立する．これと（1.15）と（1.16）より

$$r \geqq \left[\frac{8n^3}{\theta}+1\right] > \frac{8n^3}{\theta} > 2n^2 \tag{1.17}$$

が成り立つことが分かる．また（1.16）より

$$\log q_2 \geqq r \log q_1 = \log q_1^r$$

が成り立つので，（1.14）より

$$q_2 \geqq q_1^r \geqq c_1^r$$

が成り立つ．従って r, ϑ は補題1.7の条件を満足する．よって（1.10）の E_1 と E_2 の少なくとも一方は1より真に大きい．補題1.7の ρ は $\rho < \vartheta + n^2$ であったが（1.13）と（1.17）より

$$\frac{\rho}{r} < \vartheta + \frac{n^2}{r} < \frac{\theta}{8n} + \frac{n^2\theta}{8n^3} = \frac{\theta}{4n}$$

が成立する．さらに（1.11）より

$$\beta = \frac{n}{n+1} + s + \theta < \frac{n}{s+1} + s + 1 \leqq \max_{\lambda=2,\cdots,n}\left\{\left(\frac{n}{\lambda}+\lambda\right)\right\} \leqq \frac{3}{2}n$$

であることが分かる．そこで

$$\varepsilon = \theta - \frac{\vartheta}{s+1} - \beta \cdot \frac{\rho}{r} - \frac{\log c_{13}}{\log q_1}$$

とおくと（1.13）と（1.14）より

$$\varepsilon > \theta - \frac{\theta}{8n} - \frac{3}{2}n \cdot \frac{\theta}{4n} - \frac{\theta}{4} > \theta - \frac{\theta}{8} - \frac{3\theta}{8} - \frac{\theta}{4} = \frac{\theta}{4} > 0 \tag{1.18}$$

が成り立つ．さらに $\log c_{13} \geqq 0$ であるので

$$0 < \frac{n+\vartheta}{s+1} + \frac{\log c_{13}}{\log q_1} = \beta + \frac{\vartheta}{s+1} - s - \theta + \frac{\log c_{13}}{\log q_1}$$

$$= \beta\left(1-\frac{\rho}{r}\right) - s - \varepsilon \tag{1.19}$$

となる．この等式部分と (1.16) と (1.18) より

$$r \leqq \frac{\log q_2}{\log q_1} < \frac{\log q_2}{\log q_1} \cdot \frac{\beta - s}{\beta\left(1 - \dfrac{\rho}{r}\right) - s - \varepsilon}$$

$$= \frac{(\beta - s)\log q_2}{\dfrac{n + \vartheta}{s + 1}\log q_1 + \log c_{13}} \qquad (1.20)$$

が成り立つことが分かる．

さらに (1.18) と (1.19) より

$$\beta\left(1 - \frac{\rho}{r}\right) - \frac{n + \vartheta}{s + 1} - \frac{\log c_{13}}{\log q_1} = s + \varepsilon > 0$$

が得られる．従って $(1.16),\ (1.17),\ (1.18)$ より

$$r > \frac{\log q_2}{\log q_1} - 1$$

$$= \frac{\log q_2}{\log q_1} \cdot \frac{s}{s + \theta/4} + \frac{\log q_2}{\log q_1} \cdot \frac{\theta/4}{s + \theta/4} - 1$$

$$> \frac{\log q_2}{\log q_1} \cdot \frac{s}{s + \varepsilon} + \frac{8n^3}{\theta} \cdot \frac{\theta}{4n} - 1$$

が成り立ち，これと (1.19) より

$$r > \frac{\log q_2}{\log q_1} \cdot \frac{s}{s + \varepsilon}$$

$$= \frac{s\log q_2}{\left(\beta\left(1 - \dfrac{\rho}{r}\right) - \dfrac{n + \vartheta}{s + 1}\right)\log q_1 - \log c_{13}} \qquad (1.21)$$

この不等式と m の定義より不等式

$$s\log q_2 < \{\beta(r - \rho) - (m + r)\}\log q_1 - r\log c_{13}$$

が得られる．これを書き換えると

$$c_{13}^r q_1^{m+r} q_2^2 \cdot \frac{1}{q_1^{\beta(r-\rho)}} < 1$$

を得る．$x = p_1$, $y = q_1$ は不等式（1.12）の整数解であったので

$$\left| \xi - \frac{p_1}{q_1} \right| \leqq \frac{1}{q_1^\beta}$$

が成り立っている．これより

$$E_1 = c_{13}^r q_1^{m+r} q_2^2 \left| \xi - \frac{p_1}{q_1} \right|^{r-\rho} \leqq c_{13}^r q_1^{m+r} q_2^2 \cdot \frac{1}{q_1^{\beta(r-\rho)}} < 1$$

が成り立つことが分かる．

一方（1.20）からは不等式

$$(\beta-s)\log q_2 > (m+r)\log q_1 + r\log c_{13}$$

が得られる．これを書き換えると

$$c_{13}^r q_1^{m+r} q_2^s \cdot \frac{1}{q_2^\beta} < 1$$

が得られる．$x = p_2$, $y = q_2$ が不等式（1.12）の解であることを使うと

$$E_2 = c_{13}^r q_1^{m+r} q_2^s \left| \xi - \frac{p_2}{q_2} \right| \leqq c_{13}^r q_1^{m+r} q_2^s \cdot \frac{1}{q_2^\beta} < 1$$

が得られる．これは補題1.7に矛盾する．この矛盾は不等式（1.12）が無限個整数解を持つと仮定したことから生じた．従って不等式（1.12）は有限個しか整数解を持たない．

不等式（1.12）と定理1.4との関係を最後に調べる必要がある．簡単な計算で

$$\beta - 2\sqrt{n} = \frac{n}{s+1} + s + \theta$$

$$= \frac{1}{s+1}(\sqrt{n} - (s+1))^2 - (1-\theta)$$

を得る．$|\sqrt{n}-(s+1)|<1$ が成り立つように非負整数 $s\leqq n-1$ を選び，さらに θ は $0<\theta<1$ であれば自由にとることができたので，θ をうまく取ることによって $\beta<2\sqrt{n}$ が成り立つようにできる．これは

$$\frac{1}{x^{\beta}}>\frac{1}{x^{2\sqrt{n}}}$$

を意味し，不等式 (1.12) が成り立つことから定理 1.4 が成立することが分かる．

2．トゥーエ・ジーゲルの定理の応用

　ここではトゥーエ・ジーゲルの定理の応用として次の定理を証明してみよう．

定理 2.1

　有理数係数の d 次斉次式

$$U(x,y)=\sum_{\substack{i+j=d\\0\leqq i,j}}a_{ij}x^iy^j$$

は 1 次式の重複因子を持たないと仮定する．
$\delta<d-2\sqrt{d}$ であれば，$U(x,y)$ と共通因子を持たない任意の δ 次式

$$V(x,y)=\sum_{\substack{i+j\leqq\delta\\0\leqq i,j}}b_{ij}x^iy^j$$

に対して方程式

$$U(x,y)=V(x,y)$$

は有限個の整数解しか持たない．

この定理は係数がある代数体 K_0 に属し，解 (x, y) は K_0 の h 次拡大体 K の整数環 $\mathcal{O}_K$ に属する場合にも解は有限個であるという形にジーゲルによって一般化されている．

証明　必要であれば変数変換

$$\begin{pmatrix} x' \\ y' \end{pmatrix} = \begin{pmatrix} a & b \\ c & d \end{pmatrix} \begin{pmatrix} x \\ y \end{pmatrix}, \; a, b, c, d \in \mathbb{Z}, \; ad - bc = 1$$

を行うことによって $U(x, y)$ の x^d, y^d の係数はともに 0 ではないと仮定してよい．従って

$$U(x, y) = \alpha y^d \prod_{j=1}^{d} \left(\frac{x}{y} - \xi_j \right)$$

と因数分解できる．$U(x, y)$ は 1 次の重複因子を持たないと仮定しているので $\xi_i \neq \xi_j \; (i \neq j)$ が成り立つ．ξ_j は d 次の代数的数である．

方程式 $U(x, y) = V(x, y)$ が無限個の整数解 (p, q) を持ったとする．もし $|p| > |q|$ である解が無限個あったとすると x と y を入れ替える変数変換を行うことによって $|p| \leqq |q|$ が無限個の整数解で成り立つと仮定しも一般性を失わない．

そこで

$$\min_{i < j} \{ |\xi_i - \xi_j| \} = r$$

とおくと仮定より $r > 0$ である．このとき任意の実数 η に対して少なくとも $d - 1$ 個の $|\xi_j - \eta|$ に対して $|\xi_j - \eta| \geqq \dfrac{r}{2}$ が成り立つ．

トゥーエ・ジーゲルの定理 2.4 より $|p| \leqq |q|$ である無限個

の整数解のうち有限個を除いて

$$\left|\xi_j - \frac{p}{q}\right| > \frac{1}{|q|^{2\sqrt{d}+\varepsilon}}, \quad j = 1, 2, \cdots, d$$

が成り立つ. さらに必要であれば番号をつけ替えて, $j \geqq 2$ であれば

$$\left|\xi_j - \frac{p}{q}\right| \geqq \frac{r}{2}$$

が成り立つと仮定してよい. 従って

$$|U(p,q)| = |\alpha||q|^d \left|\xi_1 - \frac{p}{q}\right| \prod_{j=2}^{d} \left|\xi_j - \frac{p}{q}\right| > |\alpha||q|^d \frac{1}{|q|^{2\sqrt{d}+\varepsilon}} \left(\frac{r}{2}\right)^{d-1}$$

$$= |\alpha| \left(\frac{r}{2}\right)^{d-1} |q|^{d-2\sqrt{d}-\varepsilon}$$

が成り立つ. 一方

$$|V(p,q)| \leqq \sum_{\substack{i+j \leqq \delta \\ 0 \leqq i, j}} |b_{ij}||p|^i|q|^j \leqq s|q|^d$$

が成り立つ. ここで

$$s = \sum_{\substack{i+j \leqq \delta \\ 0 \leqq i, j}} |b_{ij}|$$

とおいた.

そこで

$$0 < \varepsilon < 2 - 2\sqrt{d} - \delta$$

ととると $|q|^{d-2\sqrt{d}-\varepsilon-\delta}$ は $|q|$ が大きくなると大きくなり, α, r は $U(x, y)$ のみに s は $V(x, y)$ のみに依存する定数であるので, $|q|$ が十分大きければ

$$|\alpha| \left(\frac{r}{2}\right)^{d-1} |q|^{d-2\sqrt{d}-\varepsilon} > s|q|^{\delta}$$

が成り立つ. これは

$$|U(p,q)|>|V(p,q)|$$

を意味し，$U(p,q)=V(p,q)$ であるという仮定に反する．

[**証明終**]

2.1　ロースの定理

　ジーゲル以降も代数的数の近似に関してはいくつかの進展があったが，決定的な結果は 1955 年にロース（Klaus Friedrich Roth, 1925-2015）によって得られた[*4]．

> **定理 2.2（ロースの定理）**
> 次数 $\geqq 2$ の代数的数 α と任意の $\alpha>0$ に対して
> $$\left|\alpha-\frac{p}{q}\right|<\frac{1}{q^{2+\varepsilon}}$$
> が成り立つ整数 p および整数 $q>0$ は有限個である．

　これが最良の結果であることは無理数の連分数による近似（定理 1.13）から分かる．ロースはこの結果によって 1958 年のフィールズ賞を受賞した．なおこの結果はジーゲルによって予想されていた．

　学位論文の後もジーゲルは精力的に研究を続け多くの論文を発表していった．ジーゲルは 1920 年秋から 21 年春にかけての冬学期にハンブルク大学に移りヘッケの元で研究を続け，すでに述べた様に 1921 年クーラントの助手になってゲッチンゲン大学へ戻ってきた．1921 年 12 月 10 にゲッチ

---

* 4　K.L. Roth: "Rational approximations to algebraic numbers", Mathematika, 2（1955），1-20.

ンゲン大学での教授資格試験に合格した．ここではジーゲ
ルの教授資格論文を中心に述べることにする．

3．ラグランジュの定理とウェアリングの問題

学位論文を完成させたあと，ラグランジュ（Joseph-Louis
Lagrange, 1736-1813）の定理「すべての自然数は4個の自
然数の2乗の和として表される」を総実な代数体の総正な代
数的整数[*5]に対して拡張した論文をジーゲルは発表してい
る．総実な代数的整数体 K に含まれる総正な数 α は K の
数の2乗の4個の和で書くことができることをヒルベルトは
主張していたが，証明は発表していなかった．ランダウは実
2次体の場合にヒルベルトの主張を証明し，一般の総実な体
の場合は4個とは限定できないが有限個の2乗の和で総実
な数を表すことができることを証明していた．この結果を受
けて，ヒルベルトの主張が正しいこととをジーゲルは論文

[3] Darstellung total positive Zahlen druch Qudratem
（総正な数の自乗の和による表現）, Math. Zeitschrift
11（1921）, 246-275.

として発表した．この結果は後述するウェアリングの問題の

[*5] n 次代数的整数体 $K = \mathbb{Q}(\xi)$ は ξ の共役 $\xi^{(j)}$ がすべて実数であるとき
言い換えると K の共役体 $K^{(j)} = \mathbb{Q}(\xi^{(j)})$ がすべて実数体 $\mathbb{R}$ の部分体であると
き総実な代数的整数体といわれる．また $\alpha = a_0 + a_1\xi + a_2\xi^2 + \cdots + a_{n-1}\xi^{n-1}$
$\in \mathbb{Q}(\xi)$ は $\alpha^{(j)} = a_0 + a_1\xi^{(j)} + a_2(\xi^{(j)})^2 + \cdots + a_{n-1}(\xi^{(j)})^{n-1} \in \mathbb{Q}(\xi^{(j)})$ もすべ
て正であるときに総正といわれる．

特別な場合に当たる．この論文ではそれだけでなく，総実な体 K の総正な代数的な数に対して K の総正な数の m 乗の和で表すことができるという形でウェアリングの問題の証明も与えている．ウェアリングの問題はヒルベルトによって 1909 年に証明されていた．

ところで，この論文は 1920 年 9 月 27 日に提出されており（編集者が受け取ったのは 9 月 28 日），学位論文後の研究の成果の一端であることが分かる．

ラグランジュの定理の証明の基礎となるのは等式

$$(x_1^2+x_2^2+x_3^2+x_4^2)(y_1^2+y_2^2+y_3^2+y_4^2)$$
$$=z_1^2+z_2^2+z_3^2+z_4^2, \tag{3.1}$$

である．ここで

$$\begin{cases} z_1 = x_1y_1+x_2y_2+x_3y_3+x_4y_4 \\ z_2 = x_1y_2-x_2y_1+x_3y_4-x_4y_3 \\ z_3 = x_1y_3-x_3y_1+x_4y_2-x_2y_4 \\ z_4 = x_1y_4-x_4y_1+x_2y_3-x_3y_2 \end{cases} \tag{3.2}$$

この等式は直接計算することによって示すことができる．四元数を使えば

$$(x_1+x_2i+x_3j+x_4k)(y_1+y_2i+y_3j+y_4k)$$
$$=z_1+z_2i+z_3j+z_4k$$

であり，上の等式は四元数の絶対値を取ることによって示すことができる．(3.1) より素数の場合に 4 個の平方数の和に表すことができることを示せばよいことが分かる．素数 2 に対しては $2=1^2+1^2$ と表されるので主張は正しい．そこで次の定理を証明すればよい．

定理 3.1 奇素数 p に対して
$$x_1^2 + x_2^2 + x_3^2 + x_4^2 = p$$
は整数解を少なくとも一組持つ.

証明 まず自然数 $1 \leq q < p$ を適等に取ると

$$x_1^2 + x_2^2 + x_3^2 + x_4^2 = pq \tag{3.3}$$

は整数解を持つことを示そう. x_1 を $0, 1, 2, \cdots, \dfrac{p-1}{2}$ の

$\dfrac{p+1}{2}$ 個の整数上を動かすとき $x_1^2 \pmod{p}$ はすべて異なる.

なぜならば

$$a^2 \equiv b^2 \pmod{p}, \ 0 \leq a, \ b \leq \frac{p-1}{2}$$

とすると

$$a^2 - b^2 = (a-b)(a+b) \pmod{p}$$

がなりたつので $a+b$ または $a-b$ は p の倍数でなければならない. a, b が取りうる範囲を考えると

$$0 \leq a+b \leq p-1, \ -\frac{p-1}{2} \leq a-b \leq \frac{p-1}{2}$$

であるので $a-b=0$ でなければならない.

同様に x_2 も $0, 1, 2, \cdots, \dfrac{p-1}{2}$ の $\dfrac{p+1}{2}$ 個の整数上を動かす

とき $-x_2^2 - 1$ は $\pmod{p}$ ですべて異なっていることが示される. 従って $p+1$ 個の数 $x_1^2, \ -x_2^2 - 1$ のなかで x_1^2 と $-x_2^2 - 1$ が $\pmod{p}$ で合同であるものが存在する(ディリクレの部屋

割り論法）．

$$x_1^2 \equiv -x_2^2 - 1 \pmod{p}$$

言い換えると

$$x_1^2 + x_2^2 + 1^2 + 0^2 \equiv 0 \pmod{p}$$

が成り立つ．すなわち

$$x_1^2 + x_2^2 + 1^2 + 0^2 = pq$$

となる整数 q が存在する．この等式の左辺は正であるので $q \geqq 1$ である．一方

$$x_1^2 + x_2^2 + 1 \leqq 2\left(\frac{p-1}{2}\right)^2 + 1 < 3\left(\frac{p}{2}\right)^2$$

が成り立つので

$$pq < 3\left(\frac{p}{2}\right)^2 = \frac{3p^2}{4}$$

が成り立ち

$$q < \frac{3p}{4} < p$$

である．これで主張が証明された．

　次に $q = 1$ にとれることを示そう．そのために方程式 (3.3) が整数解を持つ最小数を q とする．$q = 1$ を示すことが目標である．このとき (3.3) の整数解 x_1, x_2, x_3, x_4 は共通因数を持たない．なぜならば，もし最大公約数 $t \geqq 2$ を持てば (3.3) より pq は t^2 を約数としてもち，p は素数であるので t^2 は q を割り切らなければならない．すると

$$\left(\frac{x_1}{t}\right)^2+\left(\frac{x_2}{t}\right)^2+\left(\frac{x_3}{t}\right)^2+\left(\frac{x_4}{t}\right)^2=p\cdot\frac{q}{t^2}$$

がなりたち，q が (3.3) が整数解を持つ最小の q であることに反する．従って x_1,x_2,x_3,x_4 の最大公約数は 1 でなければならない．

そこで

$$x_i\equiv y_i\ (\mathrm{mod}\,q),\ -\frac{q}{2}<y_i\le\frac{q}{2},\ i=1,2,3,4$$

と y_i を定め (3.3)

$$(x_1^2+x_2^2+x_3^2+x_4^2)(y_1^2+y_2^2+y_3^2+y_4^2)$$
$$=z_1^2+z_2^2+z_3^2+z_4^2$$

が成り立つように整数 z_i を (3.2) に従って定める．$x_i\equiv y_i\ (\mathrm{mod}\,q)$ より

$$z_1\equiv x_1^2+x_2^2+x_3^2+x_4^2\equiv pq\equiv 0\ (\mathrm{mod}\,q)$$

が成り立ち，また再び $x_i\equiv y_i\ (\mathrm{mod}\,q)$ より

$$z_2\equiv z_3\equiv z_4\equiv 0\ (\mathrm{mod}\,q)$$

が成り立つ．従って

$$z_i=qu_i,\ i=1,2,3,4$$

と整数 u_i が定まる．さらに $y_1^2+y_2^2+y_3^2+y_4^2\equiv 0$
$(\mathrm{mod}\,q)$ より

$$y_1^2+y_2^2+y_3^2+y_4^2=wq \tag{3.4}$$

となる自然数 w が存在する．すると (3.1) および (3.3) より

$$(pq)(wq) = q^2(u_1^2 + u_2^2 + u_3^2 + u_4^2)$$

が成り立ち

$$u_1^2 + u_2^2 + u_3^2 + u_4^2 = pw$$

であることが分かる. $-\dfrac{q}{2} < y_i \le \dfrac{q}{2}$ および (3.4) より

$$wq \le q^2$$

が成り立ち $w \le q$ であることが分かる. また $w = q$ は

$$y_1 = y_2 = y_3 = y_4 = \frac{q}{2}$$

のときのみ成り立ち, そのとき $x_i \equiv y_i \pmod{q}$ より x_i も $\dfrac{q}{2}$ で割りきれる. x_1, x_2, x_3, x_4 の最大公約数は 1 であったので, これは $q = 2$ を意味する. このとき $y_1 = y_2 = y_3 = y_4 = 1$ であり, 従って $x_i \equiv y_i \equiv 1 \pmod{2}$ より x_i は奇数である. よって

$$x_1^2 + x_2^2 + x_3^2 + x_4^2 \equiv 0 \pmod{4}$$

でなければならない. 一方 (3.3) より

$$x_1^2 + x_2^2 + x_3^2 + x_4^2 \equiv 2p$$

であった. p は奇素数と仮定したので $2p \equiv 0 \pmod{4}$ は成り立たない. これは $w = q$ ではあり得ないことを意味し $w < q$ でなければならない. ところで q は (3.3) が整数解を持つ最小の自然数であったので (3.4) より $w = 0$ でなければならない. すると $y_1 = y_2 = y_3 = y_4 = 0$ であり, これより

$$x_1 \equiv x_2 \equiv x_3 \equiv x_4 \equiv 0 \pmod{q}$$

が従う．x_1, x_2, x_3, x_4 の最大公約数は 1 であったのでこのことは $q=1$ を意味する．以上によって $q=1$ が示され定理が証明された． [**証明終**]

　かなり込み入った結果であるが，このラグランジュの手法を一般化することによってジーゲルは総実体の場合にも定理がなりたつ証明している．整数の場合と異なるのは，総正な代数的整数 α が

$$\alpha = \nu_1^2 + \nu_2^2 + \nu_3^2 + \nu_4^2$$

と表されるときに ν_j すべてを代数的整数にとれるとは限らないことである．たとえば平方数を因数に含まない自然数 m に対して実 2 次体 $\mathbb{Q}(\sqrt{m})$ の代数的整数は $m \equiv 3 \pmod{4}$ のとき $a + b\sqrt{m}, a, b$ は整数，の形をしている．もし上の表示で $\nu_j = a_j + b_l\sqrt{m}$，$j = 1, 2, 3, 4$ であったとすると $\sum_{j=1}^{4} (a_j + b_j\sqrt{m})^2$ の $\sqrt{m}$ の係数は偶数でなければならない．したがって $\alpha = a + b\sqrt{m}$ で b が奇数であれば代数的整数の 2 乗の和で表すことはできない．このために証明は一段と複雑になる．

　ところで，ラグランジュの定理はウェアリングの問題の一番簡単な場合の解決となっている．

　1770 年にウェアリング（Edward Waring, 1736–1798）は著書 "Meditationes Algebraicae"（代数的思考）の中で次のことを予想した．

ウェアリングの問題　自然数 k が任意に与えられたとき，各自然数 n に対して

$$n = x_1^k + x_2^k + \cdots + x_m^k$$

が非負整数解 $x_1 \geqq 0,\ x_2 \geqq 0,\ \cdots,\ x_m \geqq 0$ を必ず少なくとも一つ持つような自然数 $m = m(k)$ が存在する．特に $k = 2, 3, 4$ であれば $m(2) = 4,\ m(3) = 9,\ m(4) = 19$ である．

　言い換えると任意の自然数 n を非負整数の k 乗の和として表せるか否かの問題を考えるときに，各 k に応じて m 個の非負整数の k 乗の和をとればどのような自然数も表すことができる k のみに依存する m が存在することをウェアリングが予想した．ウェアリングは $k = 2, 3, 4$ のとき数値計算をしてこの予想に行き着いたようである．特に 4 乗和のときに $m(4) = 19$ という数値は奇妙に思われるがウェアリングは 79 を 4 乗和で表そうとして 19 個の和が必要であることを見出し，さらに大きな数を計算してみても 19 個で十分であるという確信を得たようである．

$$79 = \sum_{j=1}^{m} a_j^4,\ a_j \geqq 1,\ j = 1, 2, \cdots, m$$

と表されたと仮定する．$3^4 = 81 > 79$ であるので $a_j = 1$ または 2 でなければならない．$2^4 = 16$ がこの表現のなかにどれだけ現れるかは

$$79 \equiv 15 \pmod{16}$$

に基づいて考察すればよい.

$$79 = \underbrace{2^4 + \cdots + 2^4}_{4} + \underbrace{1^4 + \cdots + 1^4}_{15}$$

が 4 乗和の最小個数の表現であることは容易に分かる.

このウェアリングの問題を一般的に肯定的に解決したのはヒルベルトであった. ただし $m(k)$ に関する具体的な数値を与えてはいない.

D. Hilbert : Beweis für die Darstellbarkeit der ganzen Zahlen durch eine feste Anzahl n-ter Potenzen " (Waringsches Problem)", Math. Ann. 67 (1909), 281-300.

1919 年にハーディ (Godfrey Harold Hardy, 1877-1947) とリトルウッド (John Edensor Littlewood, 1885-1977) はその後の数論に大きな影響を与える円周法を導入して Waring の問題に新しい証明を与えた.

G. H. Hardy and J. E. Littlewood : A new solution of Waring's Problem, Q. J. Math. 48 (1919), 272-293.

G. H. Hardy and J. E. Littlewood : Some problems of "Partitio Numerorum". A new solution of Waring's problem, Göttingen Nach. (1920), 33-54.

与えられた自然数 s および複素数 z に対してベキ級数

$$g(z) = \sum_{k=0}^{\infty} z^{k^s}$$

を考える．このべき級数は $|z|<1$ で収束する．自然数 m に対して

$$(g(z))^m = \sum_{k=0}^{\infty} a_n z^n$$

を考えると，a_n は

$$x_1^s + x_2^s + \cdots + x_m^s = n$$

の非負整数解 $x_i \geqq 0$ $(i=1,2,\cdots,m)$ の個数となる．複素関数論によれば a_n は

$$a_n = \frac{1}{2\pi i} \int_{|z|=r} \frac{(g(x))^m}{z^{n+1}} dz$$

と計算することができる．ここで $0<r<1$ にとる．ハーディとリトルウッドは r を 1 に十分近くとり，積分路の半径 r の円をうまく分割して a_n の近似値を計算し，s にたいして m をうまく取ると $a_n>0$ がすべての自然数 n に対して成り立つことを証明した．この証明法は円周法と呼ばれ，後にヴィノグラードフによってさらに精密化され，解析的数論での標準的手法となった．この円周法によるウェアリングの問題の証明は

　ジーゲル著・片山孝次訳『解析的整数論 I』岩波書店，2018

の第2章にジーゲル自身による詳しい解説があるので，興味を持たれた読者は参照されたい．

4．教授資格論文

　ジーゲルは 1920 年秋から 21 年春にかけての冬学期にハンブルク大学に移りヘッケの元で研究を続け，すでに述べた様に 1921 年クーラントの助手になってゲッチンゲン大学へ戻ってきた．1921 年 12 月 10 にゲッチンゲン大学での教授資格試験に合格した．ここではジーゲルの教授資格論文を中心に述べることにする．

　ドイツの教授資格試験（Habilitation）は論文の提出と講演とからなっている．講演は通常は提出した論文とは別の話題を選ぶことになっている．ジーゲルの教授資格講演がどの様なものであったかはジーゲル全集には載せられていない．提出された論文は

　　[8]　Additive Theorie der Zahlkörper I（数体の加法理論），Math. Ann. **87**(1922), 1–35.

として出版された．この論文では上述の論文 3 の結果を受けて実 2 次体の総正な代数的整数 ν を 5 個以上の自乗の和で表す場合の表し方の個数が考察の対象となっている．実 2 次体 K の総正な代数的整数 ν に対して

$$\xi_1^2 + \xi^2 + \cdots + \xi_s^2 = \nu, \quad s \geqq 5$$

を満たす K の代数的整数の組 $(\xi_1, \xi_2, \cdots, \xi_s)$ の個数を $A_s(\nu)$ と記す．各 ν に対して $A_s(\nu)$ を具体的に計算するのは難しいので，ν のノルム $N(\nu) = \nu\nu'$，（ν' は ν の共役）が無限大に発

散していくときに $A_s(\nu)$ がどのように漸近的な振る舞いをするかを考察の対象とし

$$A_s(\nu) \sim \mathfrak{S} \frac{\pi^s N(\nu)^{\frac{s}{2}-1}}{\Gamma\left(\frac{s}{2}\right) d^{\frac{s}{2}-1}} \qquad (4.1)$$

を得た．ここで $\mathfrak{S}$ は ν には関係せず，実 2 次体 K のみに関係し，収束する無限級数で表わされる．

　証明にはハーディー・リトルウッド・ラマヌジャンによる積分区間を巧妙に分ける手法（上述の円周法はその一つ）が使われている．

　ジーゲルの論法を少し見ておこう．議論を簡単にするために記号を少し導入する．実 2 次体 $K = \mathbb{Q}(\sqrt{m})$，(m は平方因子を含まない）に対して基本数 d を

$$d = \begin{cases} m, & m \equiv 1 \pmod 4 \\ 4m, & m \equiv 2,3 \pmod 4 \end{cases}$$

と定義する．このとき K の整数環 $\mathcal{O}_K$ の $\mathbb{Z}$ 加群としての基底 ω_1, ω_2 を一つ選び以下固定する．例えば

$$\omega_1 = 1, \quad \omega_2 = \frac{d - \sqrt{d}}{2}$$

をとることができる．基底 ω_1, ω_2 は K の $\mathbb{Q}$ 上のベクトル空間としての基底にもなっている．さて 2 次体 K の数 ξ に対してその共役元を ξ' と記す．すなわち $\xi = a + b\sqrt{m}$ に対して $\xi' = a - b\sqrt{m}$，$a, b \in \mathbb{Q}$ を意味する．また $\xi \in K$ が総正とは $\xi > 0$，$\xi' > 0$ を意味する．以下，$\xi \in K$ が総正であることを

$$\xi > 0$$

と記す．複素変数 t, t' は $\mathrm{Im}\, t > 0$, $\mathrm{Im}\, t' < 0$ であると仮定する．すなわち t は上半平面 $H = \{z \in \mathbb{C} \mid \mathrm{Im}\, z > 0\}$ 上を，t' は下半平面 $\overline{H} = \{z \in \mathbb{C} \mid \mathrm{Im}\, z < 0\}$ 上を動くとする．さらに代数的数 $\xi \in K$ に対して

$$S(\xi t) = \xi t - \xi' t'$$

と定義する．S はドイツ語の Spur（英語の trace，トレース）の頭文字である．通常の定義と違ってトレースの定義に $-$ が出て来たのは $\mathrm{Im}\, t' < 0$ と仮定したからである．以上の準備の元で関数

$$\vartheta = \vartheta(t, t'; \rho, \mathfrak{a}) = \sum_{\mu \in \mathfrak{a}} e^{\pi i S\left(\frac{(\mu+\rho)^2 t}{\sqrt{d}}\right)}$$

$$= \sum_{\mu \in \mathfrak{a}} e^{\pi i \left(\frac{(\mu+\rho)^2 t}{\sqrt{d}} - \frac{(\mu'+\rho')^2 t'}{\sqrt{d}}\right)}$$

を考える．ここで $\mathfrak{a}$ は $\mathcal{O}$ のイデアル，$\rho \in \mathcal{O}_K$ である．この無限和は $H \times \overline{H}$ 上で広義一様絶対収束し $H \times \overline{H}$ 上の 2 変数の正則関数を定義する．この関数はヘッケのテータ関数と呼ばれる．ヘッケ[6] は次の変換交式を証明した．

$$\vartheta(t, t'; \rho; \mathfrak{a}) = \frac{1}{N(\mathfrak{a})\sqrt{t}\sqrt{t'}} \sum_{\lambda^{-1} \in \mathfrak{a}} e^{-\pi i \left(S\left(\frac{\lambda^2}{t\sqrt{d}}\right) + S\left(\frac{\lambda\rho}{\sqrt{d}}\right)\right)} \qquad (4.2)$$

この変換交式は 1 変数のテータ関数のヤコビの虚変換の拡

---

[6] E.Hecke : Über die *L*-Fuktionen und den Dirichletschen Primzahlsatz für einen beliebigen Zahlkörper, Nachrichten Gesell. Wissen. Göttingen, Math.-phys. Klasse, 1917, 299–318.

張に他ならない.

　さて

$$\vartheta = \vartheta(t,\ t') = \vartheta(t, t'\ ; 0, \mathcal{O}_K)$$

とおき, この関数を s 乗すると

$$\vartheta^s = \sum_{\mu \in \mathfrak{a}} A_s(\lambda) e^{\pi i S\left(\frac{\lambda t}{\sqrt{d}}\right)} \tag{4.3}$$

と書き直すことができる. ϑ^s の $e^{\frac{\pi i}{d} S(\lambda t)}$ の係数は

$$\lambda = \mu_1^2 + \mu_2^2 + \cdots + \mu_s^2$$

となる K の代数的整数の組 $(\mu_1, \mu_2, \cdots, \mu_s)$ の個数に他ならないからである. $A_s(0) = 1$ であり, λ が総実でなければ $A_s(\lambda) = 0$ である. そこで関数 ϑ^s を使って $A_s(\nu)$ を積分表示することを考える. そのために実変数 x, y を導入して $\vartheta(t + 2(x\omega_1 + y\omega_2),\ t' + 2(x\omega_1' + y\omega_2'))^s$ を考える.

$$e^{\pi i S\left(\frac{\lambda^2(t + 2(x\omega_1 + y\omega_2))}{\sqrt{d}}\right)} = e^{\pi i S\left(\frac{\lambda^2 t}{\sqrt{d}}\right) + 2\pi i x S\left(\frac{\lambda^2 \omega_1}{\sqrt{d}}\right) + 2\pi i y S\left(\frac{\lambda^2 \omega_2}{\sqrt{d}}\right)}$$

と書くことが出来, 従って式 (4.3) より

$$\begin{aligned}
&\vartheta(t + 2(x + y\omega),\ t' + 2(x + y\omega'))^s \\
&= \sum_{\lambda \in \mathcal{O}_K} A_s(\lambda) e^{\pi i S\left(\frac{\lambda^2 t}{\sqrt{d}}\right)} \cdot e^{2\pi i S\left(\frac{\lambda^2 \omega_1}{\sqrt{d}}\right)} \cdot e^{2\pi i S\left(\frac{\lambda^2 \omega_2}{\sqrt{d}}\right)} \tag{4.4}
\end{aligned}$$

と書くことが出来る. $S\left(\dfrac{\lambda^2 \omega_1}{\sqrt{d}}\right),\ S\left(\dfrac{\lambda^2 \omega_2}{\sqrt{d}}\right)$ は整数となるので $\vartheta(t + 2(x\omega_1 + y\omega_2),\ t' + 2(x\omega_1' + y\omega_2'))^s$ は (x, y) の関数としてフーリエ級数となっている. 従って

$$A_s(\nu) = e^{-\pi i S\left(\frac{\nu t}{\sqrt{d}}\right)} \int_{-\frac{1}{2}}^{\frac{1}{2}} \int_{-\frac{1}{2}}^{\frac{1}{2}} \vartheta(t+2(x+y\omega),$$

$$t'+2(x+y\omega'))^s e^{-2\pi i S\left(\frac{\nu(x\omega_1+y\omega_2)}{\sqrt{d}}\right)} dx dy$$

と $A_s(\nu)$ を積分表示できる. この積分表示をもとに $A_s(\nu)$ の漸近挙動を調べようというのがジーゲルの立場である. そのために新たに変数

$$u = x\omega_1 + y\omega_2, \quad u' = x\omega_1' + y\omega_2'$$

を導入し積分変数を変換すると

$$A_s(\nu) = \frac{1}{\sqrt{d}} e^{-\pi i S\left(\frac{\nu t}{\sqrt{d}}\right)}$$

$$\iint_E \vartheta(t+2u, t'+2u')^s e^{-2\pi i S\left(\frac{\nu u}{\sqrt{d}}\right)} du du' \qquad (4.5)$$

この式の積分区間 E は (x, y) 平面の正方形領域 $-\frac{1}{2} \leqq x \leqq \frac{1}{2}$, $-\frac{1}{2} \leqq y \leqq \frac{1}{2}$ の写像 $(u, v) = (x\omega_1 + y\omega_2, x\omega_1' + y\omega_2')$ による (u, u') 平面の像であり平行四辺形である. これを基本平行四辺形と呼び E と記す. ジーゲルはこの基本平行四辺形 E を分割して積分を近似することを考える. そのためにジーゲルはミンコフスキーの定理[*7]を使う. 実2次体の基底として今まで通り ω_1, ω_2 を使う. このとき次の事実が成り立つ.

[*7] H. Minkowski: Geometririe der Zahlern (数の幾何学), Teubner, 1910, § 37.

■■ 補題 4.1 ■■

u, u' は実数とする．任意の $L > \sqrt{d}$ に対して以下の不等式を満たす整数 x_1, x_2, y_1, y_2 が存在する．

$$|(y_1\omega_1 + y_2\omega_2)u - (x_1\omega_1 + x_2\omega_2)| \leqq \frac{\sqrt{d}}{L}$$

$$|(y_1\omega_1' + y_2\omega_2')u - (x_1\omega_1' + x_2\omega_2')| \leqq \frac{\sqrt{d}}{L}$$

$$|y_1\omega_1 + y_2\omega_2| \leqq L, \ |y_1\omega_1' + y_2\omega_2'| \leqq L$$

$$y_1\omega_1 + y_2\omega_2 \neq 0$$

ミンコフスキーの定理は n 変数の1次斉次式に関して整数解を保証する定理であり，上の補題はその特別な場合である．さてジーゲルは $M > d$ である正数 M を一つ固定して考え，上の補題を $L = \sqrt{M}$ の場合に適用する．ジーゲルは次の条件を満たす (γ, γ') の全体を $\overline{\mathfrak{M}}$ と記す．

$$\gamma = \frac{x_1\omega_1 + x_2\omega_2}{y_1\omega_1 + y_2\omega_2} \quad \gamma' = \frac{x_1\omega_1' + x_2\omega_2'}{y_1\omega_1' + y_2\omega_2'}$$

$$(x_1, x_2, y_1, y_2 \text{ は整数，} \quad y_1\omega_1 + y_2\omega_2 \neq 0)$$

$$|y_1\omega_1 + y_2\omega_2| \leqq \sqrt{M}, \ |y_1\omega_1' + y_2\omega_2'| \leqq \sqrt{M}$$

このとき (γ, γ') を (u, u') 平面の点と考えて不等式

$$|u - \gamma| \leqq \frac{\sqrt{d}}{|y_1\omega_1 + y_2\omega_2|\sqrt{M}},$$

$$|u' - \gamma'| \leqq \frac{\sqrt{d}}{|y_1\omega_1' + y_2\omega_2'|\sqrt{M}}$$

を満たす (u, u') 平面の点集合を $\mathfrak{R}_\gamma$ を記す．これは (γ, γ') を

中心とする正方形である．ここで注意すべきことは $\gamma \in K$ の x_1, x_2, y_1, y_2 を使った表現は一意的とは限らないが，不等式の条件から表現は有限個であることが分かる．$\mathfrak{R}_\gamma$ はこの場合個の有限個の正方形を意味するものとする（実際には一番大きいものを考えれば十分）．

ところで $\xi \in K$ に対して $\mathcal{O}_K$ のイデアル $\mathfrak{a}$ で $\xi\mathfrak{a} \subset \mathcal{O}_K$ を満たすもののうちで包含関係に関して最小のものを ξ の分母イデアルと呼ぶことにする．ξ の分母イデアルを $\mathfrak{a}$ とすると，$\xi = \dfrac{\eta}{\zeta}$, $\zeta \in \mathcal{O}_K$ と 2 次体の整数を使って分数の形に書くと $\mathfrak{a} \subset (\zeta)$ であることが分かる．従って $(\gamma, \gamma') \in \overline{\mathfrak{M}}$ のとき γ の分母イデアル $\mathfrak{a}$ に対して

$$N(\mathfrak{a}) \leqq N(y_1\omega_1 + y_2\omega_2) \leqq M$$

であることが分かる．そこで集合 $\mathfrak{M}$ を

$$\mathfrak{M} = \{(\gamma, \gamma') \,|\, \gamma \in K,$$
$$\xi \text{ の分母イデアル } \mathfrak{a} \text{ に対して } N(\mathfrak{a}) \leqq M\}$$

と定義する．すると直前に考察したことにより

$$\overline{\mathfrak{M}} = \mathfrak{M}$$

であることが分かる．$(\gamma, \gamma') \in \mathfrak{M}$ に対して (u, u') 平面で (γ, γ') を中心として半径が $\dfrac{1}{2\sqrt{MN(\mathfrak{a})}}$ である球体を $\mathfrak{K}_\gamma$ と記す．このとき，(γ_1, γ_1'), (γ_2, γ_2') が $\mathfrak{M}$ の相異なる元であり，γ_1 と γ_2 の分母イデアルがそれぞれ $\mathfrak{a}_1, \mathfrak{a}_2$ とすると，こ

の2点 (γ_1, γ_1'), (γ_2, γ_2') 間の距離は $\dfrac{1}{\sqrt{N(\mathfrak{a}_1)N(\mathfrak{a}_2)}}$ より大きいことが証明できる．従って $\gamma_1 \neq \gamma_2$ のとき $\mathfrak{K}_{\gamma_1}$ と $\mathfrak{K}_{\gamma_2}$ は交わらないことが分かる．

さらに $\mathfrak{M}$ の元で基本平行四辺形 E に属するものだけを取り出し

$$\mathfrak{C} = \{(\gamma, \gamma') \in \mathfrak{M} \mid (\gamma, \gamma') \in E\}$$

と記す．さらに $(\gamma, \gamma') \in \mathfrak{C}$ に対して

$$\mathfrak{F}_\gamma = \begin{cases} \mathfrak{K}_\gamma \cup \mathfrak{K}_\gamma, & (\gamma, \gamma') \in \overline{\mathfrak{M}} \\ \mathfrak{K}_\gamma, & (\gamma, \gamma') \notin \overline{\mathfrak{M}} \end{cases}$$

と定義する．必要であれば他の $\mathfrak{F}_\gamma$ と交わる部分を取り去る必要があるが，実際には $\mathfrak{F}_\gamma$ での積分を基本平行四辺形の積分に換えるのでその必要はない．ただ，等号が不等号に変わるが漸近挙動を考えているのでそれも問題ない．従って，必要であれば2次体の整数 δ を適当に選んで $\mathfrak{F}_\gamma$ の一部を (δ, δ') だけ平行移動することによって $\{\mathfrak{F}_\gamma\}_{(\gamma, \gamma') \in \mathfrak{C}}$ は基本平行四辺形を重複なく覆うことができると考えてよい．すると (4.5) は

$$A_s(\nu) = \frac{1}{\sqrt{d}}\, e^{-\pi i S\left(\frac{\nu t}{\sqrt{d}}\right)} \sum_{(\gamma, \gamma') \in \mathfrak{C}} \iint_{\mathfrak{C}_\gamma} \vartheta(t + 2u,$$

$$t' + 2u')e^{-2\pi i S\left(\frac{\nu u}{\sqrt{d}}\right)} du\, du' \qquad (4.6)$$

と書き換えることができる．さらに γ の分母イデアル $\mathfrak{a}$ とヘッケの変換公式を使うと

$$\vartheta(u+2\gamma, u'+2\gamma')$$

$$= \sum_{\mu \in m\mathcal{O}_K} e^{2\pi iS\left(\frac{\mu^2\gamma}{\sqrt{d}}\right)+\pi iS\left(\frac{\mu^2 u}{\sqrt{d}}\right)}$$

$$= \sum_{\rho \bmod \mathfrak{a}} e^{2\pi iS\left(\frac{\rho^2\gamma}{\sqrt{d}}\right)} \sum_{\lambda \in \mathfrak{a}} e^{\pi iS\left(\frac{(\lambda+\rho)^2 u}{\sqrt{d}}\right)}$$

$$= \frac{1}{N(\mathfrak{a})\sqrt{u}\sqrt{u'}} \sum_{\lambda^{-1} \in \mathfrak{a}} e^{-\pi iS\left(\frac{\lambda^2}{u\sqrt{d}}\right)} \sum_{\rho \bmod \mathfrak{a}} e^{2\pi iS\left(\frac{\rho^2\gamma+\rho\lambda}{\sqrt{d}}\right)} \quad (4.7)$$

ここで $\rho \bmod \mathfrak{a}$ は ρ が剰余 $\mathcal{O}_K/\mathfrak{a}$ の代表元を動くことを意味する. そこで γ の分母イデアル $\mathfrak{a}$ とするときに

$$G(\gamma) = \sum_{\rho \bmod \mathfrak{a}} e^{2\pi iS\frac{\rho^2\gamma}{\sqrt{d}}}$$

とおくと, $0 < \mathrm{Im}\, w \to 0,\ 0 > \mathrm{Im}\, w' \to 0$ のとき

$$\vartheta(w+2\gamma, w'+2\gamma') \sim \left(\frac{G(\gamma)}{N(\mathfrak{a})\sqrt{w}\sqrt{w'}}\right)^2$$

が成り立つことが分かる.

そこで $w = t+2(u-\gamma),\ w' = t'+2(u'-\gamma')$ とおいて (4.6) の積分の中に入っている関数を $\vartheta(t+2s, t'+2u')^s$ を

$$\left(\frac{G(\gamma)}{N(\mathfrak{a})\sqrt{t+2(u-\gamma)}\sqrt{t'+2(u'-\gamma')}}\right)^s$$

に置き換えてみる.

$$N(t+2(u-\gamma)) = (t+2(u-\gamma)(t'+2(u'-\gamma')))$$

と定義すると (4.6) を置き換えた式は

$$\frac{1}{\sqrt{d}}\, e^{-\pi i S\left(\frac{\nu t}{\sqrt{d}}\right)} \sum_{(\gamma,\,\gamma')\in\mathfrak{C}} \iint_{\mathfrak{F}\gamma} \left(\frac{G(\gamma)}{N(\mathfrak{a})\sqrt{N(t+2(u-\gamma))}}\right)^{s} e^{-2\pi i S\left(\frac{\nu u}{\sqrt{d}}\right)} du\, du'$$

$$= \frac{1}{\sqrt{d}}\, e^{-\pi i S\left(\frac{\nu t}{\sqrt{d}}\right)} \sum_{(\gamma,\,\gamma')\in\mathfrak{C}} \left(\frac{1}{N(\mathfrak{a})}\right)^{s} \iint_{\mathfrak{F}\gamma} N(t+2(u-\gamma))^{s/2}\, e^{2\pi i S\left(\frac{\nu u}{\sqrt{d}}\right)} du\, du'$$

ところでジーゲルは $N(t+2(u-\gamma))^{s/2}$ に関しては次の様な等式を証明している[8].

$$\sum_{\lambda\in\mathcal{O}_K} N(w-2\lambda)^{-s/2}$$
$$= \frac{\pi^{s}}{\Gamma\left(\frac{s}{2}\right) d^{\frac{s-1}{2}}} \sum_{\mu>0} N(\mu)^{s/2-1} e^{\pi i S\left(\frac{\mu w}{\sqrt{d}}\right)} \tag{4.8}$$

---

[8] $s>1$, $\operatorname{Im} w>0$, $\operatorname{Im} w'<0$ であるように s,w,w' を導入し，実数 x,y に対して $\xi=x\omega_1+y\omega_2$, $\xi'=x\omega_1'+y\omega_2'$ とおいて無限級数

$$F(x,y)=\sum_{\mu+\xi>0} N(\mu+\xi)^{s-1} e^{2\pi i S\left(\frac{w(\mu+\xi)}{\sqrt{d}}\right)}$$

を考えると x,y の関数として収束し，周期 1 を持つ関数となり，$s>4$ であればフーリエ展開

$$F(x,y)=\sum_{m,\,n\in\mathbb{Z}} A_{mn} e^{2\pi i(mx+ny)}$$

できることが分かる．比較的簡単な計算によって

$$A_{mn}=\frac{\Gamma(s)^2}{\sqrt{d}}\left(\frac{\sqrt{d}}{2\pi}\right)^{2s} \frac{1}{N(w-(m\omega_2'-n\omega_1'))^2}$$

を得る．これより

$$\sum_{\mu+\xi>0} N(\mu+\xi)^{s-1} e^{2\pi i S\left(\frac{w(\mu+\xi)}{\sqrt{d}}\right)}$$
$$= \frac{\Gamma(s)^s d^{s-1/2}}{(2\pi^{2s})} \sum_{\lambda} \frac{e^{2\pi i S\left(\frac{\xi\lambda}{\sqrt{d}}\right)}}{N(w-\lambda)^s}$$

を得る．ここで s,w,w' の替わりに $s/2, w/2, w'/2$ を考えることによって (4.8) を得る．

そこで上の $N(t+2(u-\gamma))^{-s/2}$ を

$$\frac{\pi^s}{\Gamma(\frac{s}{2})^2 d^{\frac{s-1}{2}}}\sum_{\mu>0}N(\mu)^{s/2-1}e^{\pi iS\left(\frac{\mu w}{\sqrt{d}}\right)}$$

に替え，さらに $\mathfrak{F}_\gamma$ を基本平行四辺形 E に替えた積分

$$\frac{1}{\sqrt{d}}e^{-\pi iS\left(\frac{\nu t}{\sqrt{d}}\right)}\sum_{(\gamma,\gamma')\in\mathfrak{C}}\left(\frac{1}{N(\mathfrak{a})}\right)^s\iint_E\left\{\frac{\pi^s}{\Gamma(\frac{s}{2})^2 d^{\frac{s-1}{2}}}\right.$$

$$\left.\sum_{\mu>0}N(\mu)^{s/2-1}e^{\pi iS\left(\frac{\mu w}{\sqrt{d}}\right)}e^{\pi iS(\mu(t+2(\mu-\gamma)))}e^{-2\pi iS\left(\frac{\nu\mu}{\sqrt{d}}\right)}\right\}dudu'$$

を考えると計算結果は

$$\frac{\pi^s N(\nu)^{s-2-1}}{\Gamma(\frac{s}{2})^s d^{\frac{s-1}{2}}}\sum_\gamma\left(\frac{G(\gamma)}{N(\mathfrak{a})}\right)^s e^{-2\pi iS\left(\frac{r\nu}{\sqrt{d}}\right)} \tag{4.9}$$

となる．この和の部分が有限の値に収束することを示し，その値を $\mathfrak{S}$ と置くことによって漸近公式(4.1)が証明される．

4.1 ゲッチンゲン時代のその他の業績

以上の結果だけでも素晴らしい業績であるがジーゲルは1923年までにたくさんの論文を発表している．デデキントのゼータ関数の関数等式の新しい証明（論文[7]，[12]），総実な体の判別式について（論文[10]），上述したルジャンドルの定理の総実体への一般化と主張したヒルベルトの主張を証明した論文[3]の精密化（論文[14]），さらには1次斉次式に関するミンコフスキーの定理の新しい証明（論文[11]）など，それまで知られた結果を更に深める論文が多い．多くは式の巧妙な評価を必要とするが，ジーゲルの若々しいエネルギーに満ちあふれた感がする活躍ぶりである．1922年にジ

ーゲルはフランクフルト大学へ招聘される．それからしばらく沈黙が訪れる．次の本格的な論文が発表されるのは 1929 年を待たなければならない．

第4章

フランクフルト大学時代のジーゲル

　1922 年ジーゲルは 25 歳の若さでフランクフルト大学に正教授として招聘された．フランクフルト大学は 1914 年に時の皇帝ヴィルヘルム 2 世によって創設された新しい大学であった．

　1922 年以降第 2 次世界大戦までのジーゲルの履歴は次の通りである．

　　1922 年 1 月 8 日
　　　　フランクフルト大学正教授
　　1930 年夏学期
　　　　ゲッチンゲン大学客員教授
　　1935 年 1 月 1 日から夏学期の終了まで
　　　　プリンストン高等科学研究所研究員
　　1938 年 1 月 1 日
　　　　ゲッチンゲン大学正教授
　　1940 年 1 月
　　　　アメリカ合衆国へ亡命
　　　　プリンストン高等科学研究所研究員

　激動の時代にジーゲルがどのように生き，どのような数学を展開していったかをこれから述べることとする．フランクフルト時代についてはジーゲル自身が

　[81]　Zur Geschichte des Frankfurter Mathematischen Seminars, Vortrag am 13 Juni 1964 im Mathematischen Seminar anläßlich der 50-Jahr-Feier der Johann Wolfgang Goethe-Universität Frankfurt. （フランクフルト数学教室の歴史について[*1]，1964 年 6 月 13 日，フランクフルトのヨハン・ヴォルフガング・ゲーテ大学創立 50 周年記念祭における数学教室での講演），全集第 3 巻，p. 462–474

で詳しく述べているので，主としてそれに基づいて述べることとする．

1．フランクフルト大学へ

　ジーゲルは 1922 年に定年退職したシェーンフリース（Arthur Schoenflies, 1853–1928）の後継者として招聘された．前任者についてジーゲルは大学設立 50 周年の記念講演「フランクフルト数学教室の歴史について」の中で次にように述べている．

[*1]　"Mathematische Seminar" をここでは「数学教室」と訳すことにする．以下の訳文はいつもの様に関口宏道氏にお世話になった．

最初に私は私の前任者であったアルトゥール・シェーンフリース（Arthur Schoenflies, 1853–1928）について少しばかりお話しいたします．彼はゲッティンゲン大学とケーニヒスベルク大学で比較的長い期間教授として活動した後，1914年フランクフルトにやってきて，ここで定年を迎え1922年に退職いたしました．彼の友人フェーリックス・クライン（Felix Klein）と同様，彼はまずもって幾何学者で，結晶の構造に関して重要な研究をいたしました．さらに彼は集合論に関する最初の包括的な叙述を出版いたしました[*2]．しかし彼が積極的に活動したのは私がフランクフルトに着く前のことでしたので，私は彼の個々の業績についてお話しするつもりはありませんが，ひとつだけお話ししたいと思います．これから詳細にお話しするつもりの他の数学者と同様，シェーンフリースもユダヤ人でした．しかし彼は，その後1933年以降他の人々に襲いかかることになる過酷な運命を免れました．というのも，彼はフランクフルト・アム・マインで尊敬されつつ1928年に亡くなったからでした．

フランクフルト大学の数学者がナチス時代に被った悲劇とそれに対するジーゲルの救援活動については章を改めて述べたい．シェーンフリースは結晶構造の対称性を記述する230個の空間群およびその部分群の並進群による剰余群である

[*2] Entwicklung der Mengenlehre und ihrer Anwendungen（集合論の進展とその応用），Teubner, 1913（Hans Hahn との共著）．

結晶点群 32 個を発見した．彼が導入した記号は結晶構造の
記述のために今日でも使われている．ジーゲルは 1929 年に
発表した論文

　　［16］　Über einige Anwendungen diophantishcer
　　Approximation（ディオファントス近似のいくつかの応
　　用について），Abh. Preußischen Akad. Wiss. Physik.-
　　math. Klasse 1929, Nr. 1（全集第 1 巻 p. 209–266）

の第 2 部を A. シェーンフリースに捧げている．ちなみに第
1 部はフランクフルト大学の同僚であった M. デーンに捧げ
ている．

1.1　フランクフルト大学での同僚

　ジーゲルがフランクフルト大学の教授職に就いたとき，
数学教室の教授は M. デーン（Max Dehn 1878–1952），P.
エプシュタイン（Paul Epstein, 1871–1939），E. ヘリンガ
ー（Ernst Hellinger, 1883–1950），O. サース（Otto Szász,
1884–1952）であった．
　「フランクフルト数学教室の歴史について」に記されてい
る彼らの数学上の業績について引用しておこう．

【デーン】
　M. デーンはジーゲルの 1 年前 1921 年にフランクフルト
大学の教授に就任していた．デーンは前任者のビーベルバッ
ハがベルリン大学に転出した後を受けてフランクフルト大学

の職を得た．「フランクフルト数学教室の歴史について」の
なかでジーゲルはデーンの前任者としてビーベルバッハの名
前を挙げているが，シェーンフリースの場合と違って，ビー
ベルバッハの数学上の業績については何も触れていない．こ
れはナチス時代にビーベルバッハが行ったユダヤ人数学者排
斥運動の犠牲者の一人がデーンであったことによると思われ
る．このことについては後述する．

　私の見るところ，デーンの学問的業績は前世紀末に数学
界で生み出されたものの最も重要なもののひとつであり
ます．深遠そして独創的な着想によって，彼は三つの異
なる分野で実り豊かな業績を上げました，すなわち幾何
学の基礎，トポロジーそして群論であります．講演で話
すには時間が不足していますので，彼の業績の要点です
ら概観出来ません，そこで私は上述の三領域の中からそ
れぞれデーンの印象的な発見だけを取り出してみたいと
思います．

（1）　最初に彼が 1901 年教授資格を得た空間図形の体積
に関する研究を取り上げたいと思います．そしてその研
究の中で解決された問題を理解するために次のように前
置きをしたいと思います．二つの与えられた三角形の面
積が同じであることは周知のように初等幾何学的には決
定されます．すなわち積分法やその他の極限操作を用い
る必要はありません．そこで問題なのは，それに相当す
ることが空間図形にも該当するのか，すなわち特に任意

の正四面体の体積が極限操作を許すことなく異論の余地
なく定義されるのかどうかということであります．これ
は 1900 年にパリの国際数学者会議でヒルベルトが提示
した有名な未解決の問題でありました．そしてデーンは
このヒルベルトの問題の一つ，まさに上で述べた問題を
解決することができた最初の人間でした．提示された問
題に対する解答は否定的なものでした，なぜならデーン
は，空間図形の体積は初等幾何学的には基礎づけること
はできないということを示したからでした．

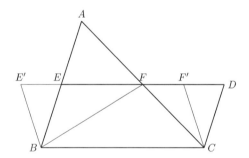

図 1.1　E, F をそれぞれ辺 AB, AC の中点に取ると，
△ ABC と平行四辺形 $EBCD$ は分割合同であることが分
かる．言い換えると三角形は底辺が同じで高さが 1/2 の平
行四辺形と分割合同である．また，平行四辺形 $EBCD$ と
$E'BCF'$ も分割合同である．すなわち 1 辺と高さが同じ平
行四辺形は分割合同である．従って底辺と高さが同じ三角
形は分割合同であることが分かる．これと同様の事実が底
面積と高さが同じ四面体で成り立つかというのがヒルベル
トの第 3 問題である．

　「二つの与えられた三角形の面積が同じであることは周知のように初等幾何学的には決定されます」という上記のジーゲルの言明は「多角形の分割合同定理」と呼ばれるものの三角形の場合での言明である．二つの多角形 K, L が与えられたときに，それぞれの多角形を同じ個数の三角形 $K_1, K_2, \cdots, K_s$ と $L_1, L_2, \cdots, L_s$ に分割して，番号を適等につけ替えると二つの三角形 K_i と L_i, $i = 1, 2, \cdots, s$ が合同にできるときに二つの多角形 K, L は分割合同であるという．言い換えると K を三角形に分割して並び替えると L にできるときに分割合同という．多角形 K, L が分割合同であれば面積は等しいが，逆に面積が等しい二つの多角形は分割合同であるというのが「多角形の分割合同定理」である．これは多角形の面積は極限操作を使わなくても定義できることを意味している．

　同様の問題が多面体の場合にも考えられ，ヒルベルトは 1900 年パリの国際数学者会議で提出したいわゆる「ヒルベルトの問題」の第 3 番目の問題として取り上げた．

　同じ底面積と高さを持つ 2 つの四面体は一方の四面体を小さな四面体に分割して貼り合わせを変えることによって他の多面体に移ることは可能か．

分割合同定理および多面体の場合のデーンの議論については例えば，拙著「測る」東京書籍，2009 を参照されたい．

（2）デーンの第二の活動領域はトポロジーであることについては言及しました．この点において，デーンはまず当時はまだまったく新しかった数学の分野の体系的な基礎作りと概念的な整理によって多大の功績を挙げました，さらにとくに幾つかの難しい三次元の問題を解決しました．彼のトポロジーに関する研究成果の中で，非常に有名になった，いわゆる三つ葉結び目は結び目を切断することなしにはその鏡像の結び目には移せないという定理をひとつだけを取り上げておきたいと思います．ここから今日でもトポロジーにおいて特別な意味を持つ結び目理論が発展しました．

図1.2　三つ葉結び目とその鏡像．一方から他方へは糸を切ることなしに連続的に変形することはできない．

（3）デーンはあるトポロジーの諸問題を通して第三の活動領域すなわち群論に遭遇しました．その諸問題を彼はすでに後に彼の名前で呼ばれる群ダイアグラムの導入によって解決していました．このことから彼は引き続き群における語の問題の研究をするに至りました，その問題は生成元と基本関係の記述によって説明されるものですが．問題は，生成元から構成される二つの語が基本関係

に基づいて同一か異なるかどうかを決定することにあります．デーンはこの問題をとりわけ最も単純な，それでもすでに十分難しい場合，すなわち生成元の数は有限で，基本関係が唯一つの場合を論じました．解決のための本質的な補助手段はいわゆる自由定理によって与えられますが，それはデーン自身によっては印刷され公刊されることはありませんでした，彼自身証明を発見し，時には友人たちに話していたのですが．

デーンの講義はその独自の発想の豊富さによって非常に刺激的でした，そして彼の指導の下で実に多くの価値ある論文が生まれました．デーンにあってとくに注目すべきことは，彼が本来の専門領域の他に，精神生活のあらゆることに積極的に関心を抱いていたことであります．彼はシラー的な意味で哲学的人物でした，そして彼は反論することが好きでしたので，ほとんどの場合彼との話し合いは有益な議論となりました．デーンは近世史と古い時代の歴史を詳細に知り尽くしていました，とくに彼は古代の基本的な認識の発生と発展の問題と取り組みました．ギリシャの哲学と数学の関係に関して，彼は非常に多くの注目すべき論文を発表しております．

デーンの発案により 1922 年から 13 年間数学史研究のゼミナールが開かれました，しかも彼はこの組織の中心人物でした，その組織については後にさらに詳細に述べることになります．

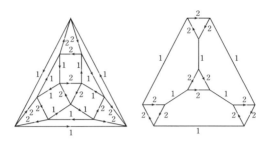

図 1.3　4 次対称群 S_4 のデーンのダイアグラム．左側は $s_1 = (123)$, $s_2 = (234)$ を S_4 の生成元としてとったときのダイアグラム．右は $s_1 = (13)(24)$, $s_2 = (123)$ を生成元としてとったときのダイアグラム．ケイリーも同様のダイアグラムをデーン以前に考えていたので，今日ではケイリー・ダイアグラムと呼ばれることが多い．Max Dehn Papers on Group Theory and Topology, Translated and Introduced by John Stillwell, Springer, 1987, p. 9 より引用

このジーゲルの講演では述べられていないが，デーン手術は 3 次元多様体のトポロジーでは決定的な役割をし，またデーン・ツィストは曲面の写像類群の研究できわめて重要である．後述するようにデーンは数学史のセミナーを組織し，ジーゲルに大きな影響を与えている．

【エプシュタイン】

　エプシュタインについてジーゲルは次のように述べている．

　パオル・エプシュタインは 1871 年生まれで，ここフランクフルトで育ち，彼の父親はそこで教授として 4 年間

博愛主義の活動をしていました．エプシュタインは 1895
年エルザスのシュトラースブルクでアーベル関数に関す
る論文で学位を取り，その後そこで 1918 年まで工科学
校の上級教諭として，そして大学の私講師として活動し
ました．エルザスが再びフランスに帰属した後，エプシ
ュタインはシュトラースブルクを離れざるをえず，1919
年無給の非常勤の教授として故郷の大学で講義依嘱を受
け，ここで 1935 年夏学期の終わりまで講義を受け持つ
ことになりました．彼の数学での業績はとくに整数論の
分野で，彼の名前は後の世代には彼の名前に因んでゼー
タ関数によって知られています．さらに彼は教育問題と
数学史に関心を持っていたため，彼の協力は数学史研究
ゼミナールでは役に立ちました．広く流布している見解
では，数学と音楽に対する才能は密接な関係があるとさ
れています．しかし私は全く音楽の才能のない数学者が
いるということは証明できます，というのも，たとえば
私自身がそうした音楽の才能のない人間だからです．そ
れに対してエプシュタインはこの分野でもずば抜けて才
能豊かで，フランクフルトの芸術家の生活に積極的に参
加しました．

エプシュタインのゼータ関数は正定値 2 次形式に対して
定義され，リーマンのゼータ関数のある種の一般化である．
一番簡単な場合は 2 変数の正定値 2 次形式

$$Q(x, y) = ax^2 + 2bxy + cy^2$$

の場合で

$$\zeta(Q;s) = \sum_{(m,n) \in \mathbb{Z}^2 \setminus \{(0,0)\}} \frac{1}{Q(m,n)^s}$$

と定義される. $Q(x, y)$ が正定値である条件は $a > 0$, $b^2 - ac < 0$ であり, これより 2 次方程式 $az^2 + 2bz + c = 0$ が虚根を持つ. この 2 次方程式の根の一つを

$$z_0 = \frac{-b + \sqrt{ac - b^2}\, i}{a}$$

とおくと

$$Q(m, n) = a\,|mz_0 + n|^2$$

従って, 2 変数の正定値 2 次形式に対して定義されるエプシュタインのゼータ関数は $\mathrm{Im}\, z > 0$ で定義される実アイゼンシュタイン級数

$$E(z, s) = \frac{1}{2} \sum_{(m,n)=1} \frac{y^s}{|mz+n|^{2s}}$$

と密接に関係していることが分かる.

n 変数正定値 2 次形式 $Q(x_1, x_2, \cdots, x_n)$ は正定値対称行列 T を使って

$$Q(x_1, x_2, \cdots, x_n) = (x_1, x_2, \cdots, x_n)\, T^t(x_1, x_2, \cdots, x_n)$$

と表されるので (記号 ^tA は A の転置行列を表す), エプシュタインのゼータ関数は

$$\zeta(Q;s) = \zeta(T;s) = \sum_{\vec{g} \in \mathbb{Z}^n,\ \vec{g} \neq \vec{0}} (\vec{g}\, T^t \vec{g})^{-s}$$

で定義される. $n = 1$, $T = (1)$ のときはエプシュタインのゼータ関数はリーマンのゼータ関数 $\zeta(s)$ を使うと $2\zeta(2s)$ とな

る．この無限和は $\mathrm{Re}\,s > n/2$ で絶対収束し s の正則関数を定義する．さらに全複素平面に有理型関数として解説接続され，$s = n/2$ に1位の極を持ち他では正則である．さらにガンマ関数を使って

$$\xi(T\,;s) = \pi^{-s}\,\Gamma(s)\,\zeta(T\,;s)$$

とおくと $\xi(T\,;s)$ は $s = 0$ と $s = n/2$ でのみ1位の極を持ち，他では正則な有理型関数となっており，関数等式

$$\xi(T\,;s) = \sqrt{\det T}\,\xi\left(T^{-1}\,;\frac{n}{2}-s\right)$$

が成り立つ．このようにエプシュタインのゼータ関数はリーマのゼータ関数と類似の性質を持っているが，$n \geqq 2$ の場合は $\zeta(T\,;s)$ が $\mathrm{Re}\,s > n/2$ で無限個の零点を持つような正定値 $n \times n$ 行列 T が存在するようにリーマンのゼータ関数と異なる面も持っている．さらに $n \geqq 2$ の場合は

$$\zeta({}^t U T U\,;s) = \zeta(T\,;s), \quad \forall U \in GL(n,\mathbb{Z})$$

が成り立ち，$GL(n,\mathbb{Z})$ に関する保型性を有している．

【ヘリンガー】

ヘリンガーについてはジーゲルは次のように記している．

エルンスト・ヘリンガーはシュレージエンの出身で，彼は1883年そこのシュトリーガウで生まれました．1907年ゲッティンゲンのヒルベルトの許で，非常に重要な積分方程式に関する論文で学位を取りました．彼は数年間マールブルクで私講師でしたが，1914年大学の設立とともにフランクフルトにやって来ました，当初は員外教授

職として，この職はその後 1920 年に正教授職に編成されました．デーンとエプシュタインと同様，彼はここで1935 年まで講義を受け持ちました．ヘリンガーの本来の活動領域は関数論でした，その際私はとくに彼のスティルチェスのモーメント問題に関する重要な研究を挙げておきたい．同僚のオットー・テプリッツと共同で，彼はその後長年にわたる苦労の多い作業の後，積分方程式理論に関する分厚い百科事典の報告書を書き上げました，その報告書はヨーハン・フォン・ノイマンによってなされたその後の発展にもかかわらず，今日でもなお最も大きな価値を有しています．

　デーンの講義は時として平凡な才能の聴衆にとっては，彼が自制心を失った時には若干難しいものになりましたが，これに対してヘリンガーは用意周到な準備と詳細で明確な説明で，当初数学は余り重要ではなかった人々の関心をも呼び起こす術を心得ていました．彼はまた講義と演習の他に学生たちのことを気に掛け，長年ボランティアで当時の学生援助の仕事に携わりました，そのため彼はまた学問的視点からだけではなく，大学の発展に大いに貢献しました．私はむしろヘリンガーは昔気質のプロイセンの公務員だったと言いたいと思います，しかしこの表現は今日ではもはや 40 年前のように良い意味で理解されないのではないかと心配しています．この点で強調されるべきことは，ヘリンガーがその私欲のない義務遂行のために学生仲間では一般に人気があったという

こと，しかも彼の職務が強制的に終了させられる最後の2年前[*3] でもなおそうであったということです，この時はすでに学問の世界においても政府の高位高官がますます彼らの扇動のための力を発揮し始めていました．当地の学生はデーン，エプシュタインそしてヘリンガーに対して彼らの最後の講義の時まで，道徳をわきまえた人間に期待されるような振る舞いをしました．これによって私は陳腐なことを話しているわけではありません，というのも，1933 年にはこの点に関しては他の多くの大学では恥ずべき光景が見られたからです．

上述のヘリンガーとテプリッツの積分方程式に関する報告書は

E. Hellinger & O. Toeplitz: Integralgleichungen und Gleichungen mit unendlichvielen Unbekannten（積分方程式及び無限未知数の方程式）., Enzyklopädie der Mathematischen Wissenschaften, Teubner, II C 13, 1928, pp. 1335–1616.

である．表題にある無限未知数の方程式の理論は今日の言葉を使えばヒルベルト空間 l^2 の理論に他ならない．ヘリンガーはヒルベルトの元で積分方程式論の研究を行った．テプリッツはしばしばフランクフルト大学の数学教室を訪ね，ヘリンガーと共同研究を行っている．「ヒルベルト空間の自

[*3] 次章で述べるように 1933 年ヒットラーが政権を取ってからユダヤ人に対する差別が大学でも次第に強くなっていった．

己共役作用は有界である」という定理はヘリンガー・テプリッツの定理と呼ばれている.

　スティルチェスのモーメント問題は数列 $m_1, m_2, \cdots, m_n, \cdots$ が測度 μ を使って

$$m_n = \int_0^\infty x^n d\mu(x)$$

と書くことができる必要十分条件を求める問題であり，さらにこのような測度が存在する場合には測度の一意性を問う問題である．ヘリンガーは無限未知数の方程式論を使ってこの問題を論じている.

　E. Hellinger: Zur Stieltjesschen Kettenbruchtheorie（スティルチェスの連分数理論について）.

　Math. Ann. 86 (1922), p. 18–29.

【サース】

　サースについてはジーゲルは次のように記している.

　ところで当時の仲間の共通の仕事と，個々人のその後の生活環境についてさらに報告する前に，まだオットー・サースを取り上げなければなりません．彼は 1884 年ハンガリーで生まれ，とりわけ一時期ゲッティンゲン大学で学び，その後ブダペストで学位を取得しました．フランクフルト大学の創設の際，彼はここで教授資格を取り，1921 年公職につかない非常勤教授となりました．彼はほとんど 20 年に渡りすでに挙げた人々と同様の規模で

講義を成功裏に行った後，1933年教授資格を剥奪され
ました．彼の数学的関心はまず実解析に，しかもとくに
フーリエ級数の理論に向けられました，その理論の中で
彼は一連の難しい問題を解決しました．これらの学問的
業績は国際的にも認められ，そして彼はその研究分野で
最初の専門家の一人と目されました．私は彼とは親しい
関係でありました，そして彼のおどけた様子を正確に思
い出します，それによって彼は会話の中で時折飲み込み
ができなかったことを隠そうとしたのです．当地で彼は
解雇されてアメリカ合衆国に渡り，その後1936年から
1952年までオハイオのシンシナティ大学で教鞭を執りま
した．彼は1952年ジュネーブ湖畔で療養のために滞在
していた間に67歳で亡くなりました．彼の死後，アメ
リカで彼の数学の著作が集められて出版されました[*4].

2. フランクフルト大学での数学史研究ゼミナール

　フランクフルト大学でのデーンとの交流はジーゲルに大き
な影響を与えた．デーンが中心となって開催された数学史の
セミナーについてジーゲルは「フランクフルト数学教室の歴
史について」の中で次のように述べている．

[*4]　Szász, Otto; Collected mathematical papers, Department of
Mathematics, University of Cincinnati, Cincinnati, Ohio, 1955

　　デーンの発案で1922年から1935年，各学期毎に数学史に関するセミナーが開催されたことはすでに述べました．それにデーンとエプシュタインの他ヘリンガーと私も指導的な役割を果たして参加しましたが，デーンはその卓越した多岐にわたる教養によっていわば我々の精神的指導者でした，そのため我々は個々の学期にテーマの選択をする際には彼の助言に従いました．今振り返ってみれば，これらの同僚仲間での共通のゼミナールの時間は私の人生の中で最も素晴らしい思い出の一つでありました．当時も私はこうした活動を嬉しく思いました，その活動で我々は毎週木曜日午後4時から6時まで顔を合わせました．後になって始めて，すなわち我々が世界中に散らばって後，他の場所での様々な幻滅を経験して，以下のことがどれほど希有の幸運であったかがはっきりと分かりました，ただ単に講義をするだけではなく，専門の同僚たちが私利私欲なく，個人的な名誉心もなく集まったということが．これらのゼミナールでは，あらゆる時代の最も重要な数学的発見をオリジナルの資料で研究するということが基本でした．そのために参加者はすでに前もって当該のテキストに関する情報を正確に得て，そうして共通の読み合わせをした後，議論をすることができました．こうして我々は古代の著述家，とくに数多くのゼミナールで詳しくユークリッドとアルキメデスを読みました，そして別の機会には同様に多くのゼメスターの中で，中世から17世紀中葉までの代数と幾何

学の発展と取り組みました．そうすることで，我々はとくにレオナルド・ピサノ[*5]，ヴィエタ，カルダノ，デカルトそしてデザルグを詳しく知ることになったのです．それから 17 世紀に微分積分学が生まれた理念に関する共同研究も有益でした．これに対しては，とくにケプラー，ホイヘンス，ステヴァン，フェルマー，グレゴリー，バローなどの発見が取り上げられました．

　フランクフルト数学史セミナーの活動から幾つかの専門雑誌での出版がなされましたが，全体としては我々の努力は出版に向けられたのではありませんでした．セミナーの本来の意義は我々には別のこと，すなわち一つは参加した学生に実り豊かな影響を与えることにあるように思われました，個々の学生たちは講義ですでに周知となった成果をはるかに立派に理解するすべを学び，我々講師にとっては，とうに過去となった時代の卓越した業績を眺める際の美学的満足を与えるものでした．参加者の全体数はいつもそれなりに納得のいくものでした，というのも，とくに古代ギリシャの数学者の物を読む際には，言語上の困難さが参加者の当然の選抜を生み，そして時にはイタリア語やオランダ語のテキストは尻込みさせる作用をもたらしました．私が思い出せる限りでは，参加者の数は 4 人の教授を含めてたえず二桁でした．

ジーゲルの執筆した本を読むと，歴史的なことがさりげな

[*5] フィボナッチと呼ばれることが多い．

く，しかも本質をついた形で記されている．これはフランクフルト大学での数学史セミナーの体験に基づいていることが分かる．

3．フランクフルト大学での数学教育

ジーゲルはさらに続けて数学教育についても述べている．

当時個々の講義への聴衆の参加者数がどのようであったかという問題は容易に推測されます．1928 年，その数は微積分学の 143 名が最大でした，そのため私はこの講義では当初演習課題の添削にかなりの労力を割きました．その際，私には助手はたしかに役に立ちましたが，当時は全数学ゼミナールに対してたった一人の助手しかいませんでした，その助手はさらに仕事として，今日では数多くの秘書が行うものを片付けなければなりませんでした．これに対して 2, 3 年前，おそらく 1924 年頃だったかと思いますが，実に少数の学生しかいませんでした，中級の講義では全部で 2 名の受講者しかいなかったことを思い出します．これら 2 人はある時ともに遅れて講義にやって来ました，彼らは会計課で聴講手続きのために長く待たされたためでした，そして私がすでに彼らなしで授業を開始し，黒板にあらゆることを書いて先に進めていたことに若干驚いていました．1928 年をピークに，それ以後の年には出席者数は再びかなりきびしく落

ち込みました.

どの学期にも初級ゼミナールとゼミナールがありました，すでに話した数学史についてのゼミナールの他に．もともとのゼミナールではおそらく一般的に 15 名以上の参加者はいませんでした，というのも，我々は初級ゼミナールも，ゼミナールもその受け入れを小試験の成績の結果次第とすることにしたからでした．その試験には数学の全講師が立ち会いました．これは効果があり，何人かの有能な人々が数学の学習をフランクフルトで終了させることが出来ましたが，我々から見放された人たちはその後近隣の大学で試験を受けたり，そこでまた落第したりするのが常でした．ここフランクフルトでは，そうした選抜があったため，数学を専攻した場合，その学生が他の教科で失敗するということは滅多にありませんでした．他方では我々は様々な事例を思い出します．その事例では，有能な数学者が物理の試験でかなり不出来な成績を取ったことがありました．

以上に述べたことから分かることは，比較的少ない聴講生にもかかわらず，あるいはそれゆえに一般的な水準は相当に良かったということです，そのことに関しては当時に提出された様々な優れた論文がそれを証明しています．こうしてたとえば 1926 年から 1930 年までの間の 5 年間に，ここでは 5 人の数学者が学位を取りました，彼らはその後学問の世界で名をなしました．その内の 1 人はヴィルヘルム・マグヌスで，今はアメリカにお

り，もう 1 人はクルト・マーラーでオーストラリアにいます，こうしてこの地の数学教室は地球の反対側の場所に住む人々にも影響を与えているのです．さらに 3 人は，ザール河畔のハレにいるオト＝ハインリヒ・ケラー，イエナのヴィルヘルム・マイヤー，フランクフルト・アム・マインのルート・モファングです．数年後我々はさらに，我々の学生の 1 人がまったく独創的な論文でヒルベルトによって 1900 年に提出されていた問題を解明したという幸運に恵まれました．これはテーオドア・シュナイダーで，今はフライブルク・イム・ブライスガウの教授をしています，そしてその当該の問題はヒルベルト自身が極めて難しい，そして解決困難としていた問題でした．ヒルベルトは，この問題はフェルマー問題やリーマン予想の証明よりもずっと難しいとすら考えていたのでした．

ヴィルヘルム・マグヌス（Wilhelm Magnus, 1907–1990）はチュービンゲン大学とフランクフルト大学で学び，1929 年から 1930 年にフランクフルト大学数学教室の助手，1930 年から 1932 年はゲッチンゲン大学数学教室の助手を務め，1931 年 Max Dehn の元で学位を取り，さらに 1933 年にフランクフルト大学で教授資格試験に合格している．教授資格論文は

"Allgemeine Probleme in der Theorie der unendlichen Gruppen"（無限群の理論中の一般的な問題）

教授資格講演は

"Beispiele topologischer Untersuchungen"（トポロジー研究の例）

でデーンの大きな影響を見て取ることができる．マーグヌスは組み合わせ群論で業績を挙げている．

クルト・マーラー（Kurt Mahler, 1903–1988）はジーゲルの助力でフランクフルト大学で学び，ジーゲルから大きな影響を受けた．1925 年にゲッチンゲン大学へ移り Emmy Noether の講義を通して p 進数に興味を持つようになった．1927 年にフランクフルト大学で

"Nullstellen der unvollständigen Gammafunktion"（不完全ガンマ関数の零点）

で学位を取った．不完全ガンマ関数は定積分で定義されるガンマ関数の定義を不定積分に変えたものであり，第一種不完全ガンマ関数は

$$\gamma(a, x) = \int_0^x t^{a-1} e^{-t} dt$$

第二種不完全ガンマ関数は

$$\Gamma(a, x) = \int_x^\infty t^{a-1} e^{-t} dt$$

で定義される．従って $\gamma(a, x) + \Gamma(a, x)$ はガンマ関数 $\Gamma(a)$ となる．マーラーは超越数論と p 進体のディオファントス幾何学のパイオニア的仕事が有名である．1933 年にケーニ

スベルク大学へ招聘されるが，ユダヤ人であったためにナチスによってその就任を阻まれ，モーデルの招きでイギリスへ渡り，ドイツへ戻ることはなかった．

オト＝ハインリヒ・ケラー (Eduard Ott-Heinrich Keller, 1906–1990) はフランクフルト大学，ウィーン大学，ベルリン大学，ゲッチンゲン大学で学びデーンの元で 1929 年に

> "Über die lückenlose Erflüllung des Raumes mit Wlürfeln"（空間を立方体で完全に埋めつくすことについて）

で学位を取り 1931 年までデーンの助手を務めた．その後ベルリン工科大学へ移り，クレモナ変換に間する論文で教授資格をとった．教授資格論文の内容は二つの論文

> "Über eine diskontinuierliche Gruppe von Cremona-Transformationen"（クレモナ変換の不連続群について）Jahresbericht der Deutschen Mathematiker-Vereinigung **42** (1933), 130-131.
>
> "Cremona-Transformationen algebraischer Kurven"（代数曲線のクレモナ変換）Journal für die reine und angewandte Mathematik **169** (1935), 72-86.

として出版された．多項式写像に間するヤコビアン予想（n 次元複素アフィン空間 $\mathbb{C}^n$ から自分自身 $\mathbb{C}^n$ への多項式写像 F のヤコビ行列式が 0 でない定数であれば F は多項式写像としての逆を持つ）は 1939 年に 2 変数で整数係数の場合に

ケラーによって初めて予想された.

Ganze Cremona-Transformationen.（整クレモナ変換），
Monatsh. Math. Phys. **47**（1939）299–306.

ケラーは2変数の整数係数の多項式写像 $(x, y) \longmapsto f(x, y)$,
$g(x, y)$ のときにヤコビ行列式が0でない定数でありかつ
$\mathbb{C}(x, y) = \mathbb{C}(f, g)$ があれば予想が正しいことを証明してい
る．一般の場合のヤコビアン予想は未だ未解決である.

ヴィルヘルム・マイヤー（Wilhelm Maier, 1896–1979）は
チュービンゲン大学，ベルリン大学，ゲッチンゲン大学で
学んだ後，教職につき1926年にフランクフルト大学数学教
室の助手となり1927年にフランクフルト大学でジーゲルの
もとで

"Potenzreihen irrationalen Grenzwertes"（無理数を極限
値に持つ級数）J.reine angew. Math. **156**（1927），93–
148.

で学位を取得し，さらに1929年に教授資格試験に合格し
た．論文は

"Euler-Bernoullische Reihen"（オイラー・ベルヌーイ級
数）Math. Zeitschrift **30**（1929），53–78.

であり，教授資格講演

"Förderung der Primzahltheorie durch Bernhard

Riemann"（ベルンハルト・リーマンによる素数定理の要
請）

であった.

　ルート・モフファング（Ruth Moufang, 1905–1977）は
1925年から1930年にかけてフランクフルト大学で学び,
1931年にデーンの元で

"Zur Struktur der projektiven Geometrie der Ebene"
（平面の射影幾何学の構造について）Math. Ann. 105
（1931）, 536–601

で学位を取得している. 1937年に教授資格試験に合格して
いる. ドイツで3番目の女性による教授資格試験合格であ
ったと伝えられている. 教授資格論文は

"Einige Untersuchungen über geordnete Schiefkörper"
（順序づけられた斜体についての考察）J.reine angew. **176**
（1937）, 203–223.

である. 教授資格講演については不明. しかしながら時の
ナチス政権は女性であるが故にルート・モフファングに大学
での講義資格を認めなかった. そのため, 彼女はクルップ
の研究所で工業数学者としての仕事をし, 1946年にフラン
クフルト大学に戻り講義を行うことができるようになった.
1957年には正教授になっている.

　フランクフルト大学でのジーゲルの教え子で突出していたのはテーオドア・シュナイダー（Theodor Schneider, 1911–88）であった．シュナイダーの仕事を述べるために超越数に関するヒルベルトの第7問題に簡単に触れておこう．ヒルベルトの第7問題は超越数に関するもので，その中心は次のような問題であった．

代数的数 $\alpha \neq 0,1$ と代数的無理数 β に対して α^β，例えば $2^{\sqrt{2}}$ あるいは $e^\pi = i^{-2i}$ は超越数であるかあるいはすくなくとも無理数であることを示せ．

ヒルベルトはこの問題はリーマン予想よりもはるかに難しいと考えていた．

　この時[6]から10年もたたない中にゲルフォント[7]という若いソ連の数学者が $2^{\sqrt{-2}}$ の超越性を証明した[8]．この結果を用いて，まもなくジーゲルは $2^{\sqrt{2}}$ の超越性の証明を得た．

　ジーゲルはヒルベルトにこの証明について書き送った．

---

[6]　1920年に行われたヒルベルトによって行われた整数論の講義．この講義でヒルベルトはリーマン予想，フェルマ予想よりも $2^{\sqrt{2}}$ の超越性の証明の法がはるかに難しいであろうと述べていた．

[7]　Alexander Osipovich Gelfond, 1906–1968

[8]　A. Gelfond: Sur les nombres transcendants, Comptes Rendu Acad. Sci. Paris, **189**（1929），1224-1226. この論文でゲルフォントは代数的数 $\alpha \neq 0,1$ にたいして β が虚の2次代数的数であれば α^β は超越数であることを示した．従って $2^{\sqrt{-2}}$ だけでなく $e^\pi = i^{-2i}$ も超越数であることをゲルフォントは示したことになる．

　その中で彼は 1920 年に講義の中でのべられたことがらに
ふれ，この重要な結果がゲルフォントによるものである
ことを強調した．ヒルベルトは「あたかも，すべてのこと
がゲッチンゲンでなされたかのようにふるまう」というこ
とをしばしば批判された．この時も，彼はジーゲルの手
紙に喜びにあふれた調子で返事をよこしたが，その中で
若いソ連の数学者の寄与についてはなにもふれられてい
なかった．かれはジーゲルの解のみが発表されることを
望んだ．ジーゲルは，ゲルフォント自身がやがてこの問
題を解決するであろうことを信じていたので，これを断
った．ヒルベルトは，このことについての興味を即座に
失った．（C. リード著，彌永健一訳「ヒルベルト」p. 306）

　ジーゲルはフランクフルトへ来てしばらく論文を書いてい
ない．新しい環境に慣れること，とりわけ講義の準備に多く
の時間を割いたことと思われる．全集を見る限り 1926 年に
モーデルあての手紙の抜粋が出版されたのが最初で，フラン
クフルトに来て初めて出版した論文は超越数とディオファン
トス幾何学に関するもので，これらの研究分野に新しい道を
切り開いたものであった．

　[16]　Über einige Anwendungen diophantishcer
Approximation（ディオファントス近似のいくつかの応
用について），Abh. Preußischen Akad. Wiss. Physik.-
Math. Klasse 1929, Nr. 1（全集第 1 巻 209–266）

すでに述べたようにこの論文の第一部はデーンに第二部は
シェーンフリスに捧げられている．論文の第一部は超越数
の理論を取り扱っており，ベッセル関数

$$J_0(z) = \sum_{n=0}^{\infty} \frac{(-1)^n}{(n!)^2} \left(\frac{x}{2}\right)^{2n}$$

に関して $\omega \neq 0$ が代数的数であれば $J_0(\omega)$ は超越数であると
いう結果が示されており，そのための新しい理論が展開され
ていた．

シュナイダーは 1929 年から 1934 年にかけてフランクフ
ルト大学で学んだ．1930 年にジーゲルは超越数論に関する
講義を行い，そこで $2^{\sqrt{2}}$ の超越性の彼の証明を提示し，さら
に未解決の問題としてヒルベルトの第 7 問題を示した．そ
の際，ジーゲルはそれがヒルベルトの第 7 問題であること
には言及しなかった．この講義に出席したシュナイダーは超
越数の魅力にとりつかれ，ジーゲル自身は他の問題を学位
論文の題材として提案したと伝えられているが，シュナイダ
ーは超越数論を選んだ．そして後に

　"Transzendenzuntersuchungen periodischer Funktionen,
　I Transzendenz von Potenzen"（周期函数の超越性につい
　ての研究 I，冪乗の超越性），J.reine angew. Math. **172**
　(1935)，65–69

として出版されるタイプされた 6 ページの論文をジーゲルの
所に持っていった．その論文の正しさを見てとったジーゲル
は証明したことはヒルベルトの第 7 問題の解であるとシュナ

イダーに告げたという．シュナイダー自身はジーゲルが講義
で示した未解決問題がヒルベルトの第7問題であることを
知らなかった．ヒルベルトの第7問題であることを知って
いれば，それが難問であるという先入観に阻まれて解くこと
ができなかったかもしれない．数学研究の難しいところであ
る．リーマン予想も問題の難しさだけでなく，難問であると
いう先入観が解決の妨げになっていることは論をまたない．

　ヒルベルトの第7問題のシュナイダーによる解決ではジー
ゲルの1929年の論文で展開された手法が重要な役割をして
いた．ところで，シュタイナーの論文は第7問題の解決で
あり，それ自体で学位論文として十分であると思われるが，
論文自体が短かったので，ジーゲルは学位論文としてさら
に結果を出すことをシュタイナーに求め，楕円関数の超越
性に関する論文

　　"Transzendenzuntersuchungen periodischer Funktionen,
　　II Transzendenzeigenschaften elliptischer Funktioinen"
　　（周期函数の超越性についての研究 II，楕円関数の超越
　　的性質），J. reine angew. Math. **172**（1935），70–74

を追加して1934年にシュタイナーに学位が授与された．後
述する様に1934年にはナチスの影がフランクフルト大学に
も及び，デーンをはじめとするユダヤ人数学者は大学で困難
な状況に置かれ，ナチスに公然と異を唱えるジーゲルも当局
から目をつけられていた．しかし，きわめて優れた"アーリ
ア人"数学者としてジーゲルに直接手を出すことができず，

代わりに彼の学生が被害を受けることになった．シュナイダーもその犠牲になった 1 人である．彼は当局の動きに対して自らナチスの突撃隊に入隊してナチスへの忠誠を誓わざるを得なかった．それにもかかわらず，1936 年の教授資格試験（Habilitation）はシュナイダーは指導者としての資質がナチスの基準からみて不十分であるという理由で大学当局から合格を拒否された．後にシュナイダーはジーゲルの助手としてゲッチンゲン大学へ移り，1939 年に教授資格試験に合格することができた．

　なお，1934 年にゲルフォントもヒルベルトの第 7 問題を解決している．かれもジーゲルの 1929 年の論文で展開された理論を使っている．

　ところで，ジーゲルの「フランクフルト数学教室の歴史」では言及されていないが，1937 年にヘル・ブラウン（Hel Braun，1914–1986）がジーゲルの元で学位を取っている．ヘル・ブラウンは 1935 年から 36 年にかけての 2 学期をマールブルク大学で学んだ他はフランクフルト大学で 1933 年から 1937 年に数学を学んだ．彼女が書いたものを Max Koecher が編集した本

　　Hel Braun Eine Frau und die Mathematik 1933 - 1940,
　　Der Beginn einer wissenschaft-lichen Laufbahn（ヘ ル・
　　ブラウン　女性そして数学者　1933–1940，学者として
　　の出発），Springer，1989

にはジーゲルとの交流が詳しく記されナチス時代のフランク

フルト大学とゲッチンゲン大学でのジーゲルについての詳しい記述が残されている．このことに関しては後に触れる予定である．

さてジーゲルの講演はさらに次の様に続く．

すでに強調してきましたように，ヘリンガーは実に特別に学生の健康状態に気を遣っていました，そして我々他の講師も聴講生とは最高に上手くコミュニケーションが取れていました，そしてデーンは，ゼミナールの仲間と一緒に散歩をしたり，他の仲間の催し物に参加したりして，教師と学生との間の直接的な個人的関係を結ぶよう努めました．我々の学生たちはすぐに我々講師自身がお互いに友情で結ばれていることに気づきました，そしてフランクフルトの数学教室では相互信頼と親切を施すという雰囲気が生まれました，それは後には他の大学では残念ながら見出せなかったもので，見出したのはむしろ正反対のものでした．我々はもっぱら同僚的な付き合いをしていましたが，その点では我々は功績を自慢する多くの教授の堅苦しい態度とははっきりと異なるものでした．ボンで勤務していたこれらの教授の一人は我々について言ったものです，「これらの諸君には全く威厳というものがない！」．

これらすべてはもう数十年も昔のことですが，私は今でもこの当時の初期の頃の学生たちから，彼らがここで過ごしたゼメスターを好んで思い出すという話を聞きま

す．そうした印象が30年，40年以上経っても鮮明であるということは，第一に個々の講師の個性が講義やゼミナールに参加した人々に後々まで影響を与えたということと関係があります．他方本来の教材はおそらくその間に完全に忘れさられていましたが，ここに今日大学の学生の超満員が引き起こす大きな危険があります．当時は教授が特別に初級者の演習の実施にも配慮していましたが，それは自明のことでした，そのために彼は実際最終的に給与を受け取っていたのですから．この個人的指導によって，彼は2, 3時間演習の時間の後，提出されたレポートの添削で自分の聴講生の中で誰が他の者よりも才能があるかにすぐに気がつき，それに関するオリエンテーションを行うことができたのです．50年以上昔，私自身学業の最初の段階でこうして私の教師フロベニウスとプランクと最初の接触を持つにいたりました．たしかに学生の超満員のため未経験の助手たちに演習の指導や演習課題の全体的な添削などが委ねられても，それは学生の関心事ではないかもしれません．これに比べれば，講義自身を話す機械に行わせる方が無害であるように私には思われます．

上記のヘル・ブラウンの本にはジーゲルが演習のレポートに対して"r"，"r/2"，"f"とのみ記して返却していたことが記されている．ジーゲルは自分の学生時代のフロベニウスに倣った対応をしていたことが分かる．"r"はドイツ語の

richtig（正しい）, "f" は falsch（間違い）の頭文字をとったものであろう. "r/2" があるところがジーゲルらしい.

4．天体力学の講義

　フランクフルト大学で，ジーゲルは微積分などの初年級の講義と超越数論などの専門の講義をしているが，こうした正規の講義以外にも天体力学の講義を行っていたことをヴィリー・ハルトナー（Willey Hartner（1905–1981）が著書

　Aufbau und Geschick der Naturwissenschaftlicher Fakulität der Joan Wolfgang Goethe-Universität wärent und nach dem 2. Wertkrieg（第2次世界大戦中と戦後におけるフランクフルトのヨハン・ヴォルフガング・ゲーテ大学理学部の創設と運命）, Frankfurt, 1981

に記している.

　　彼の講義の中でも特に名人芸として有名な天体力学に関するきわめて難しい講義，それは後に出版されることになったが，を 1928 年に行った. 有り難くないことに彼はその講義を禁止されていた時間帯，朝の 7 時から 8 時に行った. その結果，実際講義には 4 名の固定された聴衆しか参加しなかった. Hermann Dänzer（後に応用物理学の教授になった）と私以外には，当時既に有名であったアンドレ・ヴェイユと彼ほどでないにせよ有名な

私講師でアインシュタインの共同研究者であった Cornel Länczos であった．（中略）ある朝，どのような理由からであったかは思い出せないが，10 分ほど遅れて皆一緒に講義に出たことがあった．ジーゲルは誰もいない中で既に黒板に式を書いて講義をしていた．

ハルトナーの名はジーゲルの「フランクフルト数学教室の歴史」の中でナチス時代の 1938 年デーンに自宅を避難所として提供した大学の同僚として登場する．彼はフランクフルト大学で物理を学び，1928 年にフランクフルト大学で学位をとり，1940 年にフランクフルト大学の教授となり 1946 年に正教授，1962 年にはフランクフルト大学の学長になっている．

アンドレ・ヴェイユの名前が登場するのも興味深い．アンドレ・ヴェイユはジーゲルの数学から大きな影響を受けたことは彼の全集の彼自身による註釈でも度々言及されており，フランクフルト時代のジーゲルと深い親交を結んでいた．アンドレ・ヴェイユの親戚がフランクフルトに住んでいたこともあり，ヴェイユは度々フランクフルト大学を訪ねていた様である．ジーゲルの天体力学に関する最初の論文は 1941 年に発表される．このことについても後述する．

第5章

ナチスの時代

1．ドイツ数学

1933 年 1 月 30 日にヒンデンブルク大統領がヒトラーを首相に指名するとドイツの歴史は一変した．「科学的，知的そして政治的，経済的領域のすべての主要な地位をその手中に収めている悪魔的な力」を粉砕するために各大学の教職についているユダヤ人をすべて解雇する方針をナチスが実行し始めたからである．特に当時のドイツの数学者が大きな影響を受けたのは 1933 年 4 月 7 日に施行された「職業官吏再生法」である．この法律はユダヤ人や政治的にナチスに公然と反対する人たちが公務員に就くのを禁じる法律であったが，ユダヤ人であっても 1914 年以前に公務員であった者，第 1 次世界大戦にドイツ軍に従軍し前線で戦闘に従事したものは例外とされていた．しかし，これは建前であってゲッチンゲン大学の例が示す様に，様々な理由をつけてユダヤ人数学者は公職から追放されていった．フランクフルト大学で

はこの例外の適用によって 1933 年段階では犠牲者を出さず
に済んだ．しかし，次第に迫害が強まり 1935 年にはすべて
のユダヤ人が公職から追放されるに至った．

　数学でユダヤ人追放に積極的に荷担したのはビーベルバッ
ハであった．かれは「ドイツ数学」を主張し，1936 年に数学
の専門雑誌 "Deutsche Mathematik" を出版するまでになっ
た．ベルリン大学では同僚であり，共著論文もあるシュー
ア（Issai Schur, 1875–1941）を執拗に攻撃し，1938 年には
シューアをプロイセン学士院から追放させた．シューアはそ
の後パレスチナに移住し，そこで蔵書を切り売りしながら貧
困のうちに亡くなった．

　このビーベルバッハの「ドイツ数学」を日本で徹底的に批
判したのは小倉金之助である．彼の著した論考「数学と民
族性 ── ナチス数学論の批判 ──」（小倉金之助全集第 1 巻
p. 224–244，「中央公論」昭和 10 年（1935）11 月号に発表
された）に引用されているビーベルバッハの主張を引用して
おこう．

　ビーベルバッハは複素函数論におけるフランス人数学者
コーシーとグールサーとドイツ人数学者ガウスとを比較して
次のように論じる．

　　前者は $a+ib$ を単に代数記号の結合とし，全く抽象的記
　　号として取り扱っている，これに反して，後者ははっき
　　りと『かような理論は，直観から全く遊離しているかの
　　ように思われるが，実は，反対に複素数の算術は直観的

感覚に触れているのである』と述べた，……

ところでイエンシュの類型心理学に従えば，人間の型には，S型（精神が現実から遊離する型）及びJ型（直観と思考とが調和統一する型）というものがある，

これによって見れば，コーシーとグールサーはS型に属し，ガウスはJ型に関すること明らかである，……われわれドイツ人には，コーシーやグールサーの説明は，耐えがたい程，厭なものなのだ，（「数学と民族性」小倉金之助全集第1巻 p.228）

そしてポアンカレのマックスウェルの電磁気学に対する意見をもとに，フランス人はS型，ドイツ人とイギリス人はJ型であると乱暴に結論づける．そしてユダヤ人の数学に関して

近頃ユダヤ系のランダウは，微積分学の本を著わして，一つの典型的な様式を示した，この書の中の三角函数の取扱は実に特徴的である，そこでは正弦や余弦は級数によって定義された，そして（円周率）π は $\cos x$ を零とする最小な正数の半分[*1] として定義されたが，この π の値が普通の教科書に書いてある π の値とどんな関係にあるかは，ランダウの全然述べないところであった！

これはただ一例に止まるが，かようにこの書の中では，

[*1] このように記されているが $\cos \pi/2 = 0$ であるので「半分」は「2倍」の間違いと思われる．

幾何学的関係や空間的考察，自然科学などへの応用を一切無視したのである，すなわち空間的直観も，また自然的立場も全く顧慮しないこの書は，いわば『公理主義の演習問題』であり，これこそ正しく顕著な S 型に属する，

　　われわれドイツ人は，このような非人間的な理論には不満足である，実際，上に示した三角函数の例を採るなら，そこでは自然的立脚点と論理的考察とが統一融合されねばならないのだ，現にそれが統一されている例としては，（ドイツ人）エルハルト・シュミットの講義を見るがよい（「数学と民族性」小倉金之助全集第 1 巻 p.228-229．）

恐ろしく乱暴な議論である．この議論で行くとワイエルシュトラススは間違いなく S 型に属すると思われるが，ビーベルバッハは次のように述べている．

　　ワイエルストラスを以て，単に現実から遊離した抽象的理論家と見るのは不当である，事実，彼の直接の門人シュワルツと同様に，彼自身もまた具体的な問題を取扱ったこともあるのだ，実際，シュワルツのような門人は直観的・形式的考察と論理とが，よく結合していたではないか？（「数学と民族性」小倉金之助全集第 1 巻 p.232．）

このような詭弁でもってドイツの著名な数学者はすべて J 型とされた．こうしたビーベルバッハの主張は 1934 年のベル

リン科学普及会での講演を皮切りに公にされ，ナチスの権力を背景に大きな影響力を持ち始め，ドイツの大学からユダヤ系数学者を排斥するための理論的な根拠とされた．

当時の日本でも「ドイツ数学」に倣って「日本数学」を提唱しようとする動きがあったが，小倉金之助や彌永昌吉たちの「ドイツ数学」に対する批判によって大きな動きとなることはなかった．

2. ゲッチンゲン大学数学教室の悲劇

クライン，ヒルベルトたちによってゲッチンゲン大学は数学研究の中心地の一つになっていった．さらにクーラントの尽力によって 1920 年代後半から 1939 年代の始めにはゲッチンゲン大学は数学の若手研究者の集まる場所となっていた．S. マックレーンの記事

S. MacLane: Mathematics at Göttingen under the Nazis, AMS. Notice **43**（1995），p. 1134–1138．

にも，米国で学んだマックレーンがゲッチンゲン大学を目指した経緯とゲッチンゲン大学での学生生活が生き生きと描写されている．

1933 年 4 月はじめのゲッチンゲン大学の数学教室では正教授は R. クーラント（Richiard Courant, 1888–1972），E. ランダウ（Edmund Landau, 1877–1938），H. ワイル（Hermann Weyl, 1885–1955），F. ベルンシュタイン（Felix Bernstein, 1874–1956），G. ヘルグロッツ（Gustav Herglotz, 1881–1953）

の4名であった．員外教授には エミー・ネター（Emmy Noether, 1882–1935），員外教授兼上級助手 O. ノイゲバウアー（Otto Neugebauer, 1899–1990），助手 H. レヴィ（Hans Lewy, 1904– ），P. ベルナルス（Paul Bernays, 1888– ），W. フェンチェル（Werner Fenchel, 1935– ），F. レリッヒ（Franz Rellich, 1906–1955）などそうそうたるメンバーが名を連ねており，世界中から若手数学者が集まっていた．しかし，1933年4月7日に事態は一変した．4月25日には教育省から大学へ電報が打たれ6名の教員の名前をあげて，この6名を給与は支給するが休職扱いする様にとの指示があった．その6名の中にクーラント，ベルンシュタインとエミー・ネターの3名の数学者の名前が含まれていた．実際にはベルンシュタインは1911年に教授職を得ており，クーラントは第一次世界大戦では前線に出ており，エミー・ネターは員外教授として，「職業官吏再生法」の対象の官吏ではなかった．しかし，強制的に休職扱いになった．ただ，ベルンシュタインは当時アメリカに出張中であった．ランダウもユダヤ人であったが，彼は1909年にゲッチンゲン大学の正教授の職を得ており，電報の中には名前は含まれていなかった．しかしながら5月8日には理学部長から1933年の夏学期は講義を助手のウェルナー・ウェーバー（Werner Weber, 1906–75）に代講させる様にとの提案を受け入れざるを得なかった．同時に学部長はレヴィ，ベルナルス，ノイゲバウアーに当局の結果が判明するまで講義をしない様に，私講師としての資格を停止する旨言い渡した．こうして1933年の夏学期に

はゲッチンゲン大学の数学教室では講義をすることのできる
数学者はごく少数となるという異常事態となった.

　クーラントはゲッチンゲン大学数学教室の中心的存在で
あり, 優秀な若い人材をゲッチンゲンに集め, アメリカのロ
ックフェラー財団の援助を引き出し, 数学教室に新しい建
物を建設することに成功するなど, 数学教室に多大の貢献
をしていたが, そのことがナチスの標的となってしまったよ
うである. 一方, クーラントにしてみれば苦労して築き上
げた数学教室を突然奪われてしまうことになんともやりきれ
なかったことと思われる. 休職扱いされた 1933 年にはドイ
ツ国内の数学者だけでなくイギリスの G. H. ハーディやデ
ンマークのハラルド・ボーアなどの数学者からの嘆願書が教
育省に送られた. ヒルベルトも自ら嘆願書を提出している.
しかし, クーラントの休職は撤回されず, 1933 年夏学期か
ら 34 年にかけてはハーディの招きでクーラントはケンブリ
ッジ大学に出かけた. クーラント自身も様々な手を尽くして
ゲッチンゲンでの職に留まる運動を行ったが果たせず, 1934
年 9 月末にアメリカへ渡った.

　エミー・ネーターの休職に対しては, 当時マールブルク大学
にいた H. ハッセ (Hermut Hasse, 1898–1978) が反対運動
を繰り広げ, 当時のドイツの著名な数学者に教育省への手
紙を書く様に呼びかけ, それをもって教育省と交渉したが,
決定を覆すことはできなかった. ネーターは 1933 年 9 月 13
日に解雇された. ネーターは Bryn Mawr College に職を得
てアメリカへ亡命したが, 1935 年卵巣嚢腫の手術を受けた

四日後に 53 歳で亡くなった.

　ネーターには 2 歳年下の弟の数学者フリッツ・ネーター (Fritz Noether, 1884–1941) がいたことは余り知られていない. かれは応用数学者であり, 1933 年当時ブレスラウ工科大学の教授をしていた. かれは第 1 次大戦に従軍しており,「職業官吏再生法」の適用外であったが, 政治的な立場を問題にされ退職を余儀なくされた. かれはその後トムスクにある大学に職を得てソ連に移住した. 1936 年のオスロで行われた国際数学者会議にも出席しているが, 1937 年 11 月にドイツへのスパイの嫌疑で逮捕され 1941 年に死刑が執行された. それが全くの無実の罪であったことを 1988 年にソ連の最高裁は認めている.

　ところで, クーラントが勤めていた数学教室主任の職の代理として大学当局は最初ノイゲバウアーに継ぐように要請したが, ナチスへの忠誠を誓うことを拒否したために一日でその職をおりざるをえなかった. ノイゲバウアーは数学史特にバビロニアの数学及び天文学の研究者として有名であるが, ゲッチンゲン大学では数学史の研究だけでなく, 数学の論文のレヴユー誌 “Zentralblatt der Mathematik und ihre Grenzgebiete”(「数学とその境界領域の中核誌」) の発刊を企画し, 編集責任者として 1931 年発刊以来活動を続けていた. かれはユダヤ人ではなかったが, その政治姿勢を問題視されゲッチンゲンを去らざるを得なくなった. 1934 年デンマークに居を移し, そこで “Zentralblatt” の編集作業を行ったが, 1938 年に発行元の出版社 Springer

Verlag がナチスの圧力に屈し，ナチスの指導原理に基づいて“Zentralblatt”を発行することになり，レビ・チヴィタ（Levi Civita）を編集委員から外し，ユダヤ人数学者の論文のレビューを行わないことにした．そのことに抗議してノイゲバウアーを初めてとするほとんどの編集委員は辞任し，“Zentralblatt”はノイゲバウアーの手をはずれた．1939 年にノイゲバウアーはブラウン大学に職を得てアメリカに渡り，アメリカ数学会の協力の下，レヴュー誌“Mathematical Review”の創刊に尽力し 1940 年に第 1 巻が刊行された．ノイゲバウアーは 1945 年まで編集長を勤めた．

　数学教室の主任にはその後ワイルがつき，ユダヤ人数学者の救済に勤めたが効果は無かった．ワイル自身はユダヤ人ではなかった，夫人はユダヤ人であり，その結果子ども達はユダヤ人とみなされるというのが当時の法律であり，万策尽きたワイルは家族の安全を考えプリンストンの高等科学研究所の教授への招聘を受けることにして 1933 年 10 月にゲッチンゲンを去って行った．

　フェンチェルは 1933 年 7 月に，ベイナルスは 8 月に，レヴィは 9 月にゲッチンゲン大学を解雇され，1933 年の冬学期には講義ができるスタッフは激減し，正教授もヘルグロッツとランダウだけになった．ランダウは自身が講義をしないのは夏学期だけだと思い，また，冬学期の講義の予告をしても大学当局から反対されることもなかったので，11 月 2 日に冬学期最初の講義に出かけた．大講義室の入り口のホールには 100 名ほどの学生がたむろしていたが，彼らか

ら妨害されることのなく講義室に入ることはできた．しかし，講義室には学生がただ一人いるだけで，入り口に学生がたむろしていたのはランダウの講義に他の学生が出席しない様に無言の圧力をかけるためだった．ランダウの授業をボイコットする運動はランダウが気がつかないところで組織されていた．それを主導したのはタイッヒミュラー（Oswald Teichmüller, 1913–1943）であった．講義を諦めて自室に戻ったランダウの元へ一人の学生が尋ねてきて，ボイコットについて説明した．それがタイッヒミュラーであった．その席でランダウは書面で事情を説明する様に要求し，翌々日タイッヒミュラーの書簡が届けられた．その書簡の写しをランダウは保存していて

N. Schappcher & E. Scholz; Oswald Teichmüllaer—Leben und Werk—（オズワルト・タイッヒミュラー，生涯と著作），Jahrsbericht der Deutschen Mathematik-Vereinigung, **94**（1992），p. 1–39

の中で初めて発表された．この論文には付録としてタイッヒミュラーの2通の書簡が収録されており，最初の手紙がランダウ宛のものである．以下の手紙の日本語訳はいつものように関口氏による．

　第一書簡：タイヒミュラーからランダウ宛ての書簡
　ランダウ・ボイコットに対するこの風変わりな弁明書簡（現行の正書法による）の公表はランダウの指示によって

作成されたオリジナルのコピーからである．そのコピーはエーリヒ・カムケの遺稿中の手書きの書類束「ランダウ」の中にカーボンコピーとして含まれている．書簡の主の名前を挙げられていない．しかし明らかにタイヒミュラーである．上の註14を参照のこと．我々は手書きの書類に関する情報とそれを公表することを認めて下さったD. カムケ氏に心から感謝する．

ゲッチンゲン, 1933年11月3日

親愛なる教授！

　教授のご所望により，ここに昨日我々が行った話し合いの中で私が表明した立場を書面でまとめてお知らせいたします．まず強調しておかなければならないことは，それが部分的であれこれらの難しい諸問題に対する私の個人的な見解であるということです．しかしこれらの諸問題は昨日の事件の根源，意味そして最終目的を問う問題であります．

　教師と生徒の関係を損なう，あるいは実際に損ないかねない学生の行動には二つの原因があります．第一に，かなり多数の，あるいは圧倒的な数の学生が持ち合わせている思想的傾向が学問以外の世界で大きな成果を挙げたことにより，学生たちがこれまで声を挙げず，たとえ不満であってもどうにもならないと受け入れてきた状況は時代に合ったものではないと感じた可能性があります．第二に，挑発的な態度（勿論教授の場合は問題外です

が），あるいは大多数の聴衆の精神性についての関心の欠如，あるいはいずれにせよ聴衆に対する詳細な知識の欠如からくる態度が，それは実際にはたとえ誤解に基づくものであっても同じような印象を与えて，学生たちの抵抗を引き起こす可能性があります．この点に関しては二つの原因のうち，どちらがより大きいものであるかは簡単には判断できません．

最初の原因の真相は前学期の始めにありました．ゲッチンゲンの他の専門家集団の例が以下の問題提起に対して正当性を与えています．たとえ好ましいものとは思えなかったにしても，当時教授が講義と演習を何の妨害もなく行うことが実際に可能であったかどうかという問題です．いずれにせよ私はこの問題にはお答えしたくありません．ともかくも教授がその助言に従ってこられた学部長殿はその問題に否定的に答えられることは間違いありません．その結果，我々は前学期に適用された規則を政治的諸事件からの当然の帰結であるとみなすようになり，教授の講義に関して我々の革命前の状態が再現されることになるということに驚かされました．教授との話し合いを前に我々が驚かされたのは，我々は教授自身が，我々に対して今や以前とは異なった態度を取ることも可能であるかもしれないと考えておられたのではないかと推測したからです．というもの我々は最早昔の革命的闘士ではあり得なかったからです．こう考えることが昨日の事件を解明することになります．しかし話し合いにお

いて，私は別の理由が教授の決心を引き起こしたのだと
感じました．

　しかし昨日の行動によってまったく新しい状況が生ま
れました．我々の大学の平穏を取りもどすためには，行
動の切っ掛けを事後に誤りであったと説明することでは
十分ではありません．そうした事件を引き起こした状況
を根源に遡って検証すること，とくに事態の根本を明確
にすることが必要です．教授は昨日，問題は反ユダヤ主
義的デモであったという趣旨の発言をされました．ユダ
ヤ人敵視の個々の行動は教授に向けてのものというより
むしろ他の人々に向けてのものであるというのが私の見
解でしたし，今もそうです．私にとって問題なのは，ユ
ダヤ人である教授を手こずらせることではなく，もっぱ
ら最大限他の学生たちをも大事にしながら，二学期目の
ドイツ人学生が，まさに微分・積分の講義を，彼らには
まったく人種の異なる教師から受けることのないように
することが大切なのです．私は他の人々と同様，生まれ
がどうあれ能力のある適切な学生を国際的・数学的・学
問的に教授する教授の能力を疑うものではありません．
しかしまた私は，多くの学問的講義，とくに微分・積分
学も同時に教育的価値を持っていること，そして生徒を
新しい概念世界に導くことだけでなく，他の精神的考え
方をもたらすものであることも承知しています．しかし
個々人の精神的考え方は転換が必要とされる個々人の精
神に依存しており，この精神は現在になってというだけ

でなく，すでに以前から知られていた原則に従って，本質的に個々人の人種的構成に関する基本に依存しているので，一般的にはたとえばアーリア人の生徒がユダヤ人教師によって教育されることは推奨されないでしょう．ここで私自身の別の経験についてお話しします．そもそも生徒には本来二つの道しかありません．生徒は教師の講義から国際的・数学的学問の骨格だけを取り出し，自分のものに変化させる，これはほんの少数の人間しかできない数学的・哲学的な生産的活動です．そうでない生徒たちは講義を記憶し，最も皮相的な理解に留め，国家試験後には高級な雑事（講義）を出来るだけ早く忘れようとする，第三の道は，講義を異質なものの形態のまま受け入れることですが，これは教授が今日の学生にはとても要求できない，またおそらく望まれないような精神的な退廃につながります．しかし中身のない骨格は機能せず，倒壊し風化することが確実である以上，教授が自らの国民的な色合いを出さずに数学の核心を聴衆に教える可能性はきわめて低いと思われます．

　こうした私の見解の結論は以下のようです．もし教授が応用ないし認識のための現在の精神的考え方に基づいて建設的に重要な数学的事実を探求する高級な講義を以前と同様，我が大学の学生と十分合意した中で行いたいとお考えでしたら，それに反対する者はほとんどいないでしょう．これは私の仲間のごく僅かな人間しか同調しない見解です．圧倒的多数は，教授の側の（ユダヤ人の）講

義はともかく我慢がならないという立場です．この立場は，私は反ユダヤ主義から生まれるものとしか考えられません．二つの意見の相違は当然目下のところ完全に重要ではありません．はっきりと言えることは，「過激派」と「穏健派」に分裂しているということは決してないということです．我々全員はひとつの計画を持っており，良き仲間です．ただ昨日の行動が反ユダヤ主義的あるいは親ゲルマン的性格のものであったかという純粋に理論的な問題に関して我々は，しかるべき筋からの決定がなされるまでのことですが，見解が異なっているということです．

それだけ一層我々全員は行動の目的に関して一致していましたし，現在もそうです．重要なことは，前学期の状態を本来的に復帰させることです．ウェーバー博士は，教授の講義と演習を担当される用意をしています．前学期の不確実な点がなくなった以上，教授が再び担当の個々の時間について彼と話し合いをする必要はないでしょう．彼は彼で講義を完全にまたは部分的に独自に行うでしょう．その方が我々にも好都合です．これらすべての問題で現実に犠牲を払ったのがウェーバー博士であり，彼は下級生の学友のために自分の仕事を倍増させました．他方，教授はいかなる金銭上のまたその他の不利益を蒙ることなく講義をしないでさえおけば良いということを考えれば，実際教授に容易に受け入れられる提案がなされたものと私は考えます．　　　　　　　　敬具

　この書簡にはタイッヒミュラーの個人的な意見とナチスの公式見解とが混在している．彼自身は反ユダヤ主義にはむしろ否定的のようであり，十分に批判的な精神を持たない学生にユダヤ的な考え方が教えられるのに反対しているようにこの書簡からは読み取れる．タイッヒミュラーはランダウの数学を評価しており，専門的な講義を行うことには寛容である．「生徒は教師の講義から国際的・数学的学問の骨格だけを取り出し，自分のものに変化させる．これはほんの少数の人間しかできない数学的・哲学的な生産的活動です．」と記した部分はタイッヒミュラー自身に最もよく当てはまる．彼は出会った数学者から多くの数学を吸収し，短時間のうちの彼自身の数学を構築した．このことについては後述したい．このタイッヒミュラーの行動はベルリン大学のビーベルバッハに大きな影響を与え，後にタイッヒミュラーはベルリン大学へ移ることになる．一方，この書簡を読んだランダウは大学へ辞表を提出し，翌年 1934 年 10 月にベルリンへ移り 1938 年に心臓発作のためにベルリンで亡くなった．このランダウの講義ボイコット事件はその後のドイツのユダヤ人数学者の命運を分ける分水嶺になった象徴的な事件であった．

　ところで，ワイルが去った後の数学教室は主任代理としての職をクーラントの助手をしていたレリッヒが受け継いだ．彼もユダヤ人数学者の救済の為に活動したので，当局の不興を受け，1934 年 6 月には大学当局から職の継続が不可能であることが通知され，1934 年 11 月にはゲッチンゲン大学をやめてマールブルク大学へ移らざるを得なくなった．このようにして 1934 年の冬学期にはほとんどの有力な

数学者がゲッチンゲンから去ってしまった．こうした中で，政治的な力を持ったのはランダウの助手をしていたウェルナー・ウェーバーであった．かれはエミー・ネターの元で学位論文を書き，ランダウがネターと共に学位論文の主査になった関係でランダウの助手になった．ナチスの信奉者で，SA（Strumabteilung, 突撃隊）の一員となった．多くの数学者が去った1934年以降のゲッチンゲン大学の数学教室ではしばらくの間，彼とタイッヒミュラーが政治的に主導した．1934年はじめに大学当局はウェルナー・ウェーバーに後任の正教授候補者の推薦を求め，かれはマールブルク大学のハッセを躊躇しながらも第一候補として推薦した．ハッセは類体論や有限体上定義された楕円曲線のゼータ函数に関するリーマン予想を証明するなど，ジーゲルと並んで当時のドイツを代表する数学者であった．彼もジーゲル同様に1919年にゲッチンゲン大学に学生として入学したが，ヘンゼルのp進数の理論に興味を引かれヘンゼルのいるマールブルク大学へ移っていき，そこで学位を取ってマールブルク大学の正教授になっていた．政治的には保守主義者であることが知られていたが，ナチスに対しては反対の立場を取り，それがウェーバーが推薦を躊躇した原因であった．学生であったタイッヒミュラーはこの推薦に激しく反発した．ハッセは大学当局からの招聘を受け，1934年7月にゲッチンゲンに赴任した．ここからジーゲルとの深い関係が生じることとなった．また，ウェルナー・ウェーバーとも思いがけない接点がフランクフルトで生じることとなる．

3．フランクフルト大学

　ゲッチンゲン大学の数学教室が 1933 年の「職業官吏再生法」によって壊滅的な打撃を受けたのに対して，フランクフルト大学の数学教室は 1933 年段階ではそれほど大きな被害を受けなかった．しかし，サースは教授資格を失いアメリカへ去った．一方，ユダヤ人であったデーン，エプシュタイン，ヘリンガーは第一次世界大戦に従軍し，さらに 1918 年以前から公務員であったので「職業官吏再生法」の適用を免れた．しかし 1935 年 9 月にニュールンベルク法が制定されるとこうした例外がなくなり，すべてのユダヤ人は公職に就くことができなくなった．こうしてフランクフルト大学も時代の波を大きくかぶることになった．

　ジーゲルはプリンストンの高等科学研究所の招待を受けて 1935 年の年初にプリンストンへ出かけて行った．休職になった場合はその職を補充することができるという「職業官吏再生法」によってジーゲルのポストを使ってゲッチンゲンの数学教室のナチ化を推進していたウェルナー・ウェーバーが助手としてフランクフルト大学へやってきた．フランクフルトの数学教室では依然としてユダヤ人が教授職に就いていることに対する州政府の何らかの働きかけがあったものと思われる．

　大学当局からはジーゲルに対して 1935 年の夏学期終了までにフランクフルト大学へ戻らなければ，職を失う旨の通告があり，ジーゲルは急遽フランクフルトへ戻ることになっ

た．そして，デーンが既に退職させられていたことを知った．またウェルナー・ウェーバーはベルリン大学に職を得てフランクフルトを去った．その後，エプシュタインは自主的に退職し，ヘリンガーはニュルンベルク法によって職を失った．これによって，フランクフルト大学の数学教室も壊滅的な打撃を被り，ジーゲルの大学人としての実り多かった時代が終わった．

　一方，ゲッチンゲン大学の数学教室では 1934 年の夏にヘルムート・ハッセがマールブルクから移ってきた．当時，保守主義者ではあるが反ナチスとみられていたハッセに対して，タイッヒミュラーは学生達を組織してデモでもって出迎えた．いくばくかの混乱はあったがハッセは数学教室の主任になり，ゲッチンゲンの栄光を取り戻すために努力し，優れた数学者をゲッチンゲンに招こうとした．その中に，有理型関数の値分布論で業績を挙げていたフィンランドのネヴァンリンナ（Rolf Nevalinna, 1895–1980）もいた．彼の母親はドイツ人であり，彼自身はフィンランドのナチスと呼ばれるほどにナチスの信奉者であった．ネヴァンリンナはゲッチンゲンに客員教授として 1936 年 11 月から 37 年 10 月の間滞在し，セミナーの題材としてグレッチュ（Herbert Grötzsch, 1902–1993）の擬等角写像の理論を選んだ．このセミナーにタイッヒミュラーも参加し，後に彼自身によって理論が大きく発展させられるようになった．1937 年夏にジーゲルはゲッチンゲンを訪れ，ハッセとネヴァンリンナに会い，ゲッチンゲン大学への招聘を受け入れ，1938 年の 1 月にゲッチンゲンに移った．ジ

ーゲル自身ハッセにたいしてよい感情を持っていなかったようであるが，それでもゲッチンゲン行きを決意したのはデーンたちが退職させられたフランクフルトにとどまりたいという積極的な理由がなくなっただけでなく，ゲッチンゲンの惨状をみて何とかしたいと思ったのであろう．実際，ハッセとジーゲルのいるゲッチンゲンにかつての栄光を少しでも取り戻してくれるのではとの期待があった．しかし，時代の大きな流れはそうした希望も打ち砕いてしまった．

　ナチスに反対であったハッセも次第にナチスを認める様になった．それもゲッチンゲンの栄光を取り戻すために努力の一貫だったのかもしれない．ハッセは 1937 年 10 月にナチス党への入党申請をし，ひとまず認められたが，母方の遠い祖先がユダヤ人だということですぐに取り消され，ドイツ敗戦まで申請は棚ざらしのままであった．ハッセが本心からナチス党への入党を願い出たのか，それともゲッチンゲンの数学教室を守るためのカモフラージュであったかは今なお議論が分かれるところである．ドイツ敗戦後，本人は入党申請は本心からではなかったと証言しているが疑問視する人も多い．

　プリンストンの高級科学研究所からゲッチンゲン大学に帰国したジーゲルは 1939 年 3 月 22 日に米国のヴェブレン（Oswald Veblen, 1880–1960）に宛てて次のように書いている．

　　11 月のプログラムが終わり，フランクフルトへの旅行から戻ったとき，ハッセがナチス党の記章をつけているのを始めて見てドイツの偉大なる名誉のためにという名で

行われた残忍な行為に対するひどい嫌悪感と怒りに震え
た．知的でまっとうな人間がそんなことができるとは私
には理解できないことである．近年の外交での出来事に
よってハッセがヒトラーへの確信的な追随者になったこ
とを知った．これらの暴力行為がドイツ国民への祝福で
あると彼は本当に信じている．

筆者は最晩年のハッセのボン大学での講演に出席したこと
がある．そのとき，ドイツ人数学者はどこかよそよそしかっ
たことを思い出す．彼がドイツの数学を衰退させたとはっき
り言う数学者も何人かいた．しかし，ナチスの時代にドイツ
国内に留まって反ナチスの態度を貫いたままで大学に留まるに
は多大の勇気と細心の注意が必要であったことも事実である．

フランクフルト大学を強制的に退職させられたデーン，エ
プシュタイン，ヘリンガーは 1938 年になるまでなそれほど
身の危険を感ぜずに過ごすことができたようである．しかし
1938 年 11 月 9 日の夜から 10 日の朝にかけてドイツ全域で反
ユダヤ主義の暴動が起こり，ユダヤ人の住宅やシナゴーグは
襲撃，放火された．水晶の夜（Kristalnacht）と呼ばれるこの
暴動は SA（突撃隊）によって起こされ，ヒトラーや SS（親衛
隊）は傍観者として振る舞ったが，実態はナチスによる"官製
暴動"であったと考えられている．これ以降，ドイツにおけ
るユダヤ人の立場は一段と悪化し，ナチスによるユダヤ人の
ホロコーストへと進んでいくことになった．そしてドイツの数
学界も正常に機能しなくなった．その典型例が Zentralblatt
誌のユダヤ人の数学論文のレビュー拒否である．

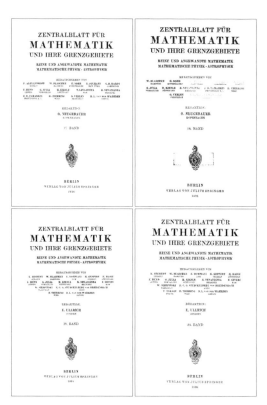

Zentralblatt 誌に見る時代の変化．1938 年 17 巻までは従来通りに編集されていた．18 巻でモスクワ大学のアレキサンドロフとローマ大学のレヴィ・チビタがナチスの意向をくんだ出版社によって編集者を解任された．それに抗議してケンブリッジ大学のハーディ，ニューヨーク大学のクーラント，ライプチッヒ大学のフントとファン・デア・ヴェルデンが編集委員を降りた．18 巻の印刷時であったために彼らの名前は表紙から急遽削られた．このときまで編集長はノイゲバウアーであったが，ノイゲバウアーも編集長を辞任し，19 巻から編集長も交代した．20 巻から編集委員に高木貞治が登場する．

　こうした事態に対してジーゲルはどのように行動したか,長くなるが「フランクフルト大学の数学教室の歴史」から引用しよう. 文中に出てくるヴィリー・ハルトナーは朝7時からのジーゲルの天体力学の講義に参加した物理学者である.

　これまで20年代と30年代初頭のフランクフルト数学教室の成功についてのあらゆる良い面と喜ばしい点を語ってきましたが, ここからはその後個々の講師たちに1933年以降どのようなことが起きたのかを忠実に報告するつもりです. サースは教育と研究においてその有能な業績にもかかわらず, ナチ政府から即刻教授資格を剥奪されたことはすでに述べました. ところでデーン, エプシュタインそしてヘリンガーも同様にユダヤ人でしたが, 彼らは当初はまだ一時的に講義を続行することが出来ました, というのも彼ら三人全員は第一次世界大戦中何年も兵役についていたからであり, すでに1918年以前に国家公務員の地位にあったからです. すなわちそれはヒトラー支配の最初の数年間はまだそれほど厳しい状況ではありませんでした. その後1935年秋, 総統かつ帝国首相はニュルンベルクの党大会で新法案を宣言しました, それによれば, これらの従来は免除されていたユダヤ人も全員がその職務を放棄せざるをえませんでした.

　こうしてヘリンガーは免職となりました. すでに数ヶ月前, すなわち1935年の夏, デーンはその教授活動を放棄せざるをえませんでした, しかもそれは当時非常に影響力のあったベルリンの高級官吏の復讐のためであったよう

でした．その官吏はおよそ30年前にかなり価値の低い数学の本を出版していましたが，出版後それはデーンによって不利な書評をされました．エプシュタイン自身はまだニュルンベルク法が執行される前に教授職を放棄しました．彼が私に話したところによれば，すでに1918年フランス当局が彼にしたのと同じ事を行うのをドイツ当局がするのを免れさせてあげようと思ったというのです．

　デーン，エプシュタインそしてヘリンガーは1939年までフランクフルトに留まりました．ドイツにおいてますますユダヤ人への弾圧が強まったにもかかわらず，彼らの内の年配者はたびたび移住を決心することが出来ませんでした．というのも，法律の厳しい規定によって彼らの貯金を放棄せざるをえなかったからであり，その後10マルクを手にして移住を開始しなければならなかったからでした．すでに1933年後の最初の数年間に非常に多くの大学卒の移民がアメリカに渡っていたため，アメリカで年配の教授たちがすぐに新生活を始めるのはかなり困難でした．他方ヨーロッパでは個々の国は，移住者が十分な財力があり，財産を所持していた場合のみ，外国人に継続的な滞在を認めたにすぎませんでした．

　ドイツでは大規模な本格的なテロルは1938年11月10日に，政府の最高部署から指示されたユダヤ人迫害とともに開始されました．その際，周知のようにシナゴーグが焼かれ，多くのユダヤ人商店が破壊され，すでに存在していたすべての強制収容所は曳き立てられたユダヤ人で一杯でした．当時ヒトラーの手下たちはデーン，エプシュタ

インそしてヘリンガーの許にもやって来ました，彼らを曳き立てるために．しかしデーンは最初逮捕されましたが再度警察から家に送り返されました，なぜならフランクフルトのどこにもこれ以上の囚人を拘留する場所がなかったからでした．翌日再度逮捕されないように，デーンと妻はバート・ホンブルクに向かいました，そこで二人は我々の友人で同僚であったヴィリー・ハルトナーの許に避難所を見つけました．今ではハルトナー教授は難民を受け入れたことは誠実な人間にとっては当然のことをしたまでであると人々は思うかもしれませんが，当時はこうした意味で誠実な人は少数派でした，そしてナチスの権力者から迫害された人々を受け入れるのは非常に勇気のいることでした．

　私は 1938 年初頭すでにゲッチンゲン大学に移っており，ゲッチンゲンに引きこもっていましたので，11 月 10 日の事件については何も知りませんでした，というのも，そこにはほんの僅かなユダヤ人しかいなかったからでした．二日後に私は 1938 年 11 月 13 日のデーンの 60 歳の誕生日の祝いにフランクフルトに向かいました．フランクフルトに到着して私はデーンの家への途上，ここですぐに暴徒が引き起こしたものを目にしました．デーンの家の呼び鈴を鳴らしましたが無駄だったので，私はヘリンガーの許に向かい，彼から事件の顛末を聞きました．ヘリンガー自身は当時まだ逮捕されていませんでした，なぜなら明らかに囚人で溢れていたからでした，そして彼は私に説明しました，自分は逃げ出さない，そして国家権力が彼の場合においてもどの程度法と道徳の伝統的な概念に抵触する行為

をおかすのかを確認したいのだと，そのことを彼は翌日体
験したのです．私がデーンと一緒にハルトナーの家にいて，
誕生日を話の糸口として過去 60 年間のことを話し合って
いた時に．私が再びホンブルクからフランクフルトに戻っ
た時，ヘリンガーはすでに移送されていました．最初は他
の多くの無実の人々と祝典会場へ，その後ダッハウの強制
収容所に移送されました．そこに彼は約 6 週間監禁され
ていましたが，その後その間にすでにアメリカにいた彼の
妹の仲介によって移住の可能性が生まれました．私は彼が
強制収容所から解放された数日後フランクフルトで再会し
ました．彼は完全に栄養失調で非常に衰弱した印象でした
が，移住が目前に迫っているということでまだ生きる意欲
を維持していました．彼は彼の忌まわしい体験を語りたい
とは思いませんでした．彼は彼に加えられた侮辱を決して
忘れることは出来なかったのです．

　ヘリンガーは 1939 年 2 月末ドイツを去りました．彼
はアメリカに到着して，エヴァンストン，イリノイ，ノー
ス・ウエスト大学に職を得て，年度毎の延長をして 1946
年まで最終的には完全な教授職に留まりました．しかし
数年後にはそこでも定年となり彼の活動は再び終わりまし
た．その後彼に約束された年金は，彼がアメリカで職に就
いた期間が短かったため，実に質素な生活をするにも十分
ではありませんでした．幸運なことにヘリンガーはもう一
度 1 年間シカゴの工科大学の客員教授として招待を受けま
した．この期間が終了する前に，彼は癌を患い，1950 年
初頭，手術は成功せず死亡しました．私は彼の死去の 8 日

前シカゴに彼を訪ねました．そして最後の会話で私にこう言いました．再びフランクフルトには戻りたくはないと，人々は彼にそれを願ったのですが．さらに言及しなければならないことは，ヘリンガーがアメリカでの教授活動でも学生と同僚に非常に人気があったということです．しかし，そもそもそこでの生活は彼にとって容易なものではなかったのですが．というのも，彼はそれ以前にまったく未知であった言語を相応に習得していなかったし，不安定な生活のために持続的な心配をせざるをえなかったからでした．

エプシュタインの最後について報告するために，私はすでに述べた 1938 年 11 月の陰鬱な事件に立ち返らなければなりません．突撃隊員が彼を連行するために彼の家にも押しかけてきましたが，そこで突撃隊員は最終的に彼から手を引きました．なぜなら彼は興奮のあまり引き起こされた慢性病の悪化によって倒れ，移送が可能ではなくなったからでした．こうしてエプシュタインは強制収容所への移送を免れましたが，彼はこれは猶予期間にすぎないことを理解していました．彼はすでに 68 歳であったので，外国でもう一度自立した生活を始めることはもはや考えられませんでした．しかし自立した生活を始めることは無条件で必要であるということでもありませんでした．なぜなら彼の妹の一人がすでに移住していて，彼を援助することができたであろうからでした．しかしこの救済の可能性にもかかわらず，彼は故郷の都市と彼の書籍を見捨てることをためらったのでした．

1939 年 8 月，私はエプシュタインを尋ね，そして天気

の良い日に彼が当時住んでいた茨の茂みの側の家の庭に座っていました．彼は私に言いました，彼が可愛がっていた猫を殺害してもらったと，なぜならその猫が時折鳥を追いかけ，それによっておそらく隣人たちを怒らせる可能性があるからだと．しかしその他の点では彼はとくに落ち込んだ様子は見られませんでした．私は彼が庭の花や木を指して，尋ねたことを今も覚えています．「ここは素晴らしい土地じゃないか？」彼はゲシュタポから出頭命令を受けた8日後，致死量のベロナール睡眠薬を飲んで亡くなりました．ゲシュタポから出頭命令を受けた者はおそらく暴力行為と死を予測しうるということは周知のことでした．エプシュタインはそれに対して，自分の手で後戻りできない過程を進行させることを選びました．彼の死後，ゲシュタポは彼から彼の迫った移住の明確な日時に関する確約を要求しようとしたにすぎなかったのだと主張しました．当時彼にとって一時的にせよこの尋問よりも悪しきことがあったかどうかは私には分かりません，しかし彼はもう我慢がならないという感情を持っていて，そしてそのことから結論を出したのです．数週間後戦争が始まったので，ひょっとして移住はもはや可能ではなかったかもしれませんでした．そしてその後ヒトラーはいわゆるユダヤ人問題の最終解決に着手しました．いずれにしてもエプシュタインは理性的に行動したと私は信じています．

　私はデーンの運命に関する報告の中で，彼のバート・ホンブルクへの逃走とハルトナー一家での受け入れまでを話しました．フランクフルトでは逮捕と連行が何日も長引い

ていましたが，他の場所ではユダヤ人迫害は早急に終息
しました，そしていたるところで同じ残酷さで実行された
わけでもありませんでした．こうした理由からデーンは当
初ハンブルクに潜伏することを決心しました．アルフレー
ト・マグヌス教授の妻と息子の援助で，フランクフルトの
中央駅からさらに尾行されることなくハンブルク行きの列
車に乗りこむことに成功したのです，そこはヒトラーの配
下によって万事厳しく監視されていたのですが．それから
彼はハンブルクでは当座妹と義父の家に隠れていました，
彼らは高齢のためまだ自由の身でしたが，後に強制収容所
で生涯を終えました．デーンの同僚とかつての学生たちが，
彼のスカンディナヴィアへの移住の可能性を話し合うため
にハンブルクに向かったと知らされました．私自身この話
し合いにハンブルクまで出かけました，そしてそれぞれ他
の旅行者と同様に古くからの名声のあるハンブルクホテル
に宿泊する際に，私は当時の表現によればアーリア人であ
ることを証明しなければならなかったということをまだ覚
えています．

　その後デーンは妻とともに 1939 年 1 月コペンハーゲン
に，その後ノルウェーのトロントハイムに移りました，そ
こで彼は工科大学で休暇に入った友人であった同僚の代理
を委託されました．出発前，デーンの住まいにあった高価
な家財の多くと高額な書籍の多くが狡猾なアーリア人の商
人によって二束三文で売られました．というのも，多くの
ドイツ人同胞がユダヤ人の差し迫った窮状を利用したから
でした．当時それらの書籍には古本屋が平均 10 ペニッヒ

支払い，そして私は，その後数学を学ぶ学生たちがヘリンガーとデーンのかつての持ち物の中から多くの書籍を骨董商人のところで 50 倍から 100 倍の値段で購入したという話を聞きました．家財の幾つかをデーンは運送業者によってロンドンに送ることが出来ました．彼はこれらの僅かに残った物をいつか後で新居のために利用できるかと期待していたのです．しかしこの最後の財産も最終的にイギリス側によって取り上げられ，競売にかけられました，というのも，彼は収納施設の費用を支払うことができなかったからでした．

　トロントハイムに到着後，デーンは工科大学で講義を開始し，その講義を彼は 1940 年初頭まで続けることが出来ました．デーンはこれまで比較的長期に渡ってノルウェーに滞在しており，その地の科学アカデミーの会員でした，そして多くのノルウェーの友人がいました．彼はその国の言葉を十分に習得していたので，講義もまた特別難しいものではありませんでした．1940 年 3 月末私が彼をトロントハイムに訪ねた時，以前の悲惨な経験にもかかわらず，彼は再び希望を抱いていて，講義ができることを喜んでいました．一緒に散歩した時，我々は港にドイツの国旗を掲げた比較的大きな商船を目にしましたが，その商船には人影はありませんでした．デーンが言うには，これらの商船は比較的以前からそこにいる，表向きは船体が損傷したということであったが，それらの商船は住民からは海賊船と呼ばれました，なぜならそれらは不気味な印象を与えたからでした．数日後私は自発的に選択したアメリカ亡命に出

立したので，ずっと後になって，この秘密に満ちた商船が
どういう船であったのかを知りました．すなわちそれらは
ドイツ兵のための武器を満載していたのでした．その後彼
らは突然ノルウェー侵攻の日にトロントハイムにも現れ，
都市を占領しました．しかも彼らの後からはゲシュタポと
ナチスの党組織がやって来ました．

　こうしてデーンはフランクフルト脱出以前と同様，再び
危険な状況に置かれました，いやもっと大きな危険でした，
というのもノルウェーは戦争状態にあったからでした，そ
してその間ヒトラーのユダヤ人問題の最終解決も近づいて
いたからでした．ドイツ軍の占領の最初の時期は，デーン
はノルウェーの農民のところに潜伏しましたが，彼は再び
トロントハイムに戻りました，というのはそこでは当初，
以前以上の暴力行為も逮捕もなかったからでした．次の数
ヶ月の間アメリカでヘリンガーその他の友人によって，彼
の第二回目の亡命が準備され，そして最終的にデーンは夫
人とともに 1941 年初頭，ドイツ側によって厳しく監視さ
れたノルウェー・スウェーデン国境を越えて，フィンラン
ド，ロシア，シベリア，日本そして太平洋を通る極めて快
適ならざる出国の後サンフランシスコに到着しました．シ
ベリアの長旅でデーンは肺炎を患い生命の危険に見舞われ
ましたが，彼はそれを持ち前の剛健な性格のお陰で克服す
ることが出来ました，しかもおそらく，彼は習慣でそうし
ていたように医者の助けを借りなかったためであったと思
われます．

　アメリカ合衆国において多くの幻滅を味わった後で，彼

が幾分かは快適であると感じることのできた場所を見出す
までデーンはその後もまだかなり波瀾万丈の人生を送りま
した．彼が到着した時には，彼はアメリカの大学での通常
の定年にはまだ2年ありました，そしてそこでも専門家た
ちは彼の学問上の意義を理解していたにもかかわらず，当
時の研究目的のための資金不足で，残念ながら彼の卓越し
た能力に見合った地位を作り出すことは不可能でした．有
名大学は，デーンに僅かな給与しか支払わない仕事を提案
するのは決して正当ではないと考えていたようで，彼らは
デーンがアメリカにいること自体を無視する方を選びまし
た．デーンは最初の1年半，ポカテロのアイダホの州立大
学で数学と哲学の教授として年収1200ドルを得ました．
アイダホはアメリカの全州で最大のジャガイモ生産州です
が，そこでの精神的生活はそれに相応しくは発展していま
せんでした，しかしその代わりに人間の定住地から離れた
所には大規模なまだ荒廃していない自然がありました．デ
ーンは生涯を通じて熱狂的な徒歩旅行愛好家で登山家でし
た，彼はアルプスとノルウェーでも非常に難しい登攀を行
いました，そしてこの点においてアイダホ州の滞在は彼に
とって決して幻滅するものではありませんでした．1941
年夏，我々4人，すなわちデーン，デーン夫人，ヘリン
ガーと私はそこで落ち合い，素晴らしい自然の中を一緒に
歩き回りました，その際，我々はそれでもタウヌス山脈の
かつての散歩のことをもの悲しい気持で思い出したもので
す．

　デーンはそれから翌年はシカゴのイリノイ工科大学に勤

務し，給与はいくらか良くなりましたが，一層緊張のいる仕事で，とくに大都市の平穏でない生活になじめませんでした．一学期の間，彼はそこで微積分学についての同じ講義を二度しなければなりませんでした，すなわち初心者向けと，すでにその前学期に微積分学についてまるで理解していなかった学生向けに．彼は私に話しました，これらの学生たちは最初の講義で次のように挨拶したと，「ハロー，教授殿，私たちは馬鹿です！」．たしかにそれは聴講生の自己認識を言い当ててはいますが，それでもかなり落胆させるものではありました．

　翌年デーンはアナポリス，メリーランドのセント・ジョンズ大学で教鞭を執ったのですが，そこでは以下のような理由からとくに不幸であると感じていました．この学校には当時戦時中で 15 歳から 18 歳までの実に若い人々が通学していました．それに対して，全学習計画は何学期も経た高学年の非常に才能のある学生によってしか，それも幾分かの成果を収めて実施され得ないものであったと言えるでしょう．すなわち学習計画はシカゴ在住の教育学に関心のある心理学者たちによって考案されたもので，そしてとくに，全世界文学のいわゆる最良の 100 冊をそれぞれの原語で読み，研究するよう求めていました．アメリカの学校は一般的に教材に関しては今日のドイツの学校よりもはるかに提供しうるものは少ないということ，しばしばその 15 歳の人間は自国語を一度も徹底的に習得したことはなかったということを理解しておかなければなりません．セント・ジョンズ大学の尊大なカリキュラムによれば，こ

れらの未熟な若者たちはたとえばホメーロス，ダンテ，デカルトそしてゲーテを原典で知らなければならないことになっていました．そのカリキュラム全体はかつてのフランクフルトの数学史ゼミナールの努力を悪意をもってパロディー化とするもののようでした．デーンは当然すぐにその試みの常軌を逸した状態に気がつき，そこで影響力のあった人物たちを批判しました，そのため彼はこれらの人々とかなり早くに完全に仲違いし，それから相互の不信感の中で陰鬱な時を耐えなければなりませんでした．当時彼はまったく絶望的な状況にありました，なぜなら彼は毎日，教育と研究の最高原則に抵触すること -- あからさまなペテンと詐欺とまがいのことを実行しなければならなかったからでした．

　しかしこうした時期も過ぎ，デーンはついに 1945 年彼の人生行路の最終の地にやって来ました．それは北カロナイナ州のブラック・マウンティン・カレッジでした．この大学も独特の教育学的信条を持っていましたが，その信条に関しては，たった今話した大学と異なり大部分は理性的なものでした．とくに芸術が奨励され，そこには非常に名声のある画家や音楽家がそこで活動していました．教師の約半分はドイツの亡命者，彼らはヒトラーによって追放された人々でした．学生を含めて全員がデーンには大きな尊敬の念をもって対しました，そして彼は以前の重苦しい経験の後，再び元気を取り戻しました．この点ではブラックマウンテンが風景的に素晴らしい場所にあったことが重要な意味を持ちました，そこは密集した木々に囲まれ，そこ

では極めて珍しい花を見ることが出来ました．さらにデーンはもう一度，彼の考えをさらに追求し，書籍を出版した有能で面白い何人かの学生たちと出会えるという喜びを得ました．残念ながらまったく自立した小さな大学の財政基盤は非常に不安定だったので，たとえば一定の期間どの教授も住まいと食事は無料の他，月々ポケットマネーとして5ドルしか受け取りませんでした，状況が再び改善されるまでの間のことでしたが．

　デーンは彼の人生の最後の7年間をここで過ごしました，何度もマディソン，ウィスコンシンでゲスト講義のために休暇を取った中断はありましたが．彼は1952年夏ブラックマウンテン大学を退職しました，そしてさらにそこに住み続け，大学に助言などをして働くつもりでした．すでに述べた大学の財政的困難のため，大学は当時まさに広大な森林が売却せざるをえませんでした，そしてデーンは境界線が正しく示されているかを監視することが自分の使命であると考えました．あるうだるような暑さの午後，彼は木こりが土地購入者の委託を受けて，不当にも大学所属の立派な木々をなぎ倒したことに気がつきました．73歳のデーンは一番近くの小径を通って急峻な山に登りました，彼の愛する木々に対する乱暴な行動を阻止するためでした．この緊張により血柱が起こり，それは翌日には致命的な塞柱になりました．彼はもう一度妻と翌年友人たちを訪ねてフランクフルトに行き，ここフランクフルトでフランツ教授が招待していた講義をする計画を立てていたのでした．

　これが私が報告したいと思ったことのすべてです．総括

してみれば，ヒトラーの支配によるフランクフルト数学教室の破壊は，その被害を受けた全員の講師に取って彼らの人生の最良の，最も実り豊かな時期の終焉を意味していたと言えるでしょう．その間 30 年が過ぎました．被害は，それが修復可能である限りのものは，部分的に修復されました，とくにフランクフルトの数学は再び安泰な状態にあります．かつて幻惑された狂信家たちがここで真に思考しようとしていた人々に対して行ったことが決して再び繰り返されないように，我々全員が望みたいものです．

　過去の人物の私生活はよく分からないのが通常であるが，フランクフルト時代とその後のゲッチンゲンでのジーゲルの暮らしぶりについては Max Koecher が編集した本

Hel Braun Eine Frau und die Mathematik 1933 – 1940，Der Beginn einer wissenschaftlichen Laufbahn（ヘル・ブラウン　女性そして数学　1933 – 1940，学者としての出発），Springer, 1989

にいくつかの記載が残されている．この本に依拠しながらアメリカ亡命までのジーゲルについて述べておこう．

4．ヘル・ブラウン

　ヘル・ブラウン（Hel Braun）の元々の名前は Hel ではなく Helene であったが，同級生の中で Helene という名前が

多く，皆が区別するために愛称で呼び合っていたが，彼女は最初の三文字をとって Hel としたそうである．Hel は北欧神話では冥界の女王の名前であり，この名前を最初に聞いた人が驚くのを楽しんでいたようでもある．彼女は 1914 年にフランクフルトに生まれた．1933 年の復活祭のときにアビトゥーア（Abitur, 大学入学資格試験）に合格し，フランクフルト大学に入学した．最初の学期，1933 年の夏学期にはジーゲルの微積分の講義と演習およびマーグヌスの解析幾何学の講義を受講している．ジーゲルの講義は月，火，木，金の朝行われた．ジーゲルは低い声で生徒の方を見ずに早口に話をし，公式をひたすら板書し，同じことを二度話すことはなかったとヘル・ブラウンは記している．ジーゲルが最初に出席したベルリン大学のフロベニウスの講義を彷彿させる．講義に付随した演習に参加したヘル・ブラウンは頭角を表しジーゲルの注目を浴びるようになった．1934 年の冬学期にはジーゲルは数論の講義を行い，ヘル・ブラウンは講義に深い感銘を受けた．ただ，ジーゲルの講義はクリスマスで終わり，残りの講義は助手が受け持つことになった．ジーゲルはプリンストンの高級科学研究所に招待されて 1935 年初に 1 年間の予定でフランクフルトを後にした．

　当時のフランクフルト大学はナチスに心酔した学生達の活動が活発になり始め，1935 年の夏学期には授業ボイコットが起こるようになった，そのことに嫌気がさしたヘル・ブラウンはマールブルク大学に 1935/36 年の冬学期に移った．すでに述べたように，1 年滞在予定であったジーゲルは

帰国しなければフランクフルト大学の職を失うという警告を
受け，1935 年の冬学期が始まる前にフランクフルトに戻っ
てきていた．ヘル・ブラウンは 1936 年の夏学期を終えてフ
ランクフルト大学へ戻ってきた．そしてジーゲルに会って学
位論文の相談をした．そのときジーゲルは黒板に八つのテー
マを記したがヘル・ブラウンにはそれらのテーマがよく分か
らず，彼女はジーゲルにどのテーマが一番簡単かと聞いた．
最初のテーマだとジーゲルが答えたので彼女はそれを学位論
文のテーマに選んだ．それは 2 次形式を 2 乗の和に書き直
す仕方の個数に間する問題であった．これは自然数 n に対
して

$$n = n_1^2 + n_2^2 + \cdots + n_m^2, \ m \leqq 8$$

と 2 乗の和に書く仕方の個数に関するガウスの結果を拡張す
る問題であった．後述するように 1935 年にジーゲルは 2 次
形式に間する画期的な論文

[20] Über die analytische Theorie der quadratischen
Formen, Ann. of Math., 36（1935），527–606

を出版しており，この問題はその結果の応用でもあったが，
複雑な計算を必要とした．試行錯誤の末，ヘル・ブラウン
は結果を導くことができ

Hel Braun : Über die Zerlegung quadratischer Formen
in Qudrat, J.reine angew. Math., 178（1938），36–64

として発表された．学位審査は 1937 年に行われた，審査に

合格したヘル・ブラウンをジーゲルは自宅に招待した. 彼女が行ってみると台所に大きな荷物がおかれていて, 言われるままに開けてみると蟹がたくさん入っていた. 驚くヘル・ブラウンにジーゲルは満足し, 蟹とゼクトで学位取得のお祝いの会食となった. ジーゲル 40 歳, ヘル・ブラウンは 23 歳のときであり, ジーゲルの茶目っ気ぶりをヘル・ブラウンは記している. 素晴らしい雰囲気の数学教室を作っていた同僚のデーン, エプシュタイン, ヘリンガーがいなくなった数学教室で, 精神的に追い詰められていたジーゲルにとっては久しぶりの気晴らしであったのかもしれない.

5. フランクフルトでのジーゲルの生活

ヘル・ブラウンによれば 1929 年にフランクフルト大学へ赴任したジーゲルは最初, 画家の Wucherer 家に下宿したそうである. Wucherer の家はフランクフルト郊外のタウナス山地に接するクロネンベルクにあり, ハイキングに行くのに都合のよい場所でもあった. ハイキング (Wanderung) といっても私たち日本人の感覚と違い, ドイツ人は長い距離を友人達と議論しながら歩き, 目的地に着くとカフェやレストランでビールを飲んだり食事をとったりして帰ることが多い. ジーゲルも多くのドイツ人同様にハイキングが生活の一部になっており, 数多くのハイキングを楽しんだようである. フランクフルトを訪れた A. ヴェイユともハイキングを楽しみ, 後にヴェイユがストラースブール大学に職を得たと

きには二人でシュバルツバルトでハイキングを楽しんだそうである.

　それだけでなく，画家 Wucherer からジーゲルは絵画の手ほどきを受け，趣味として絵を描くようになった．ジーゲルの家には彼が描いた絵が飾ってあったそうである．また，ヘル・ブラウンによればジーゲルにはスウェーデン人のガールフレンド Betty がいて，週末には二人でハイキングに，休暇には旅行に出かけていたそうである．Betty はマンハイムでスウェーデン体操を教えていたが，後に健康を害しスウェーデンに戻ってしまい，ジーゲルとの交流は途絶えてしまった.

　1933 年にナチスが政権を取って以降，戦争へと向かっていく中にあって，ジーゲルは精神的に次第に追い詰められて行ったようである.「フランクフルト大学の数学教室の歴史」の中で，ジーゲルはフランクフルト大学を追放されたデーン，エプシュタイン，ヘリンガーを親身になって世話をしていたことが語られているが，それは彼の時代に対する不安の裏返しであったのかもしれない．いずれにしても彼らが去ってしまった後のフランクフルト大学にはジーゲルの居場所はなくなってしまっていた．フランクフルトを去るために新しい職場を求めていて，1937 年の夏にはゲッチンゲンに出かけネヴァンリンナとハッセと話し合っている．そうした中でゲッチンゲン大学から招聘が来て，1938 年 1 月にジーゲルはフランクフルトを離れゲッチンゲンへ移った.

6. ゲッチンゲン大学でのジーゲル

　クーラントを中心とした学生時代の活気にあふれたゲッチンゲン大学の数学教室で活躍していたジーゲルにとって1938年のゲッチンゲン大学は決して居心地のよいところではなかったと思われる．ジーゲルが学生だった時代の数学教室のメンバーで残っていたのは正教授のヘルグロッツだけであった．1934年にはハッセがワイルの後任として，また1935年秋には5次元時空を導入して当時知られていた力を統一した理論，カルツァ・クライン理論の提唱者の一人であるカルツァ（Theodor Kaluza, 1885–1954）がクーラントの後任として数学教室に赴任していた．

　助手にはヴィット（Ernst Witt, 1911–1991）がいた．ジーゲルは空きのあった助手のポストにフランクフルトからシュナイダーとヘル・ブラウンを採用した．ジーゲルは当初はハッセに協力してゲッチンゲン大学の数学教室を盛り上げようと試みたようである．ハッセと共同でセミナーを立ち上げ，毎週二人でハイキングに出かけた．しかし，二人の仲は急速に悪化していった．ヘル・ブラウンはセミナーでの一コマを記している．彼女がハッセ・ジーゲルセミナーで一意化について話をする予定だったときのことである．話を始めようと講義室の教壇に立っているとジーゲルが最後にやってきて最後尾の椅子に座った．いつもと違って旅行帽をかぶり鞄を持っているのを見てヘル・ブラウンはびっくりし，ジーゲルが何かを企んでいるではと不安を抱えながら話を始め

た．彼女が板書を始めるや否やポンという音が聞こえた．ジーゲルがゼクトの瓶のコルクを開ける音であった．そして，ジーゲルはゼクトを飲み始めた．ハッセは無言のままで，ヘル・ブランは話を中止した．するとジーゲルは教室から出て行き，皆も教室を後にした．しばらく行くと千鳥足のジーゲルが目に入り，近づくと「ハッセとのセミナーには酒でも飲んでいなければ出席できない．」とジーゲルはつぶやいたそうである．

　一方，ジーゲルはヘルグロッツとは良好な関係を持ち，毎水曜日にはヘルグロッツ，ヘル・ブラウン達とどんな天気であってもハイキングに出かけた．このハイキングでは遠出をして鉄道を使って帰ることもあったそうである．ハイキングの途中では数学の話は余り出ず，ハイキングを終えて食事のときにはヘルグロッツはライプチッヒ大学での彼の学生であったエミール・アルティン（Emil Artin, 1889-1962）について語ることがあった．ヘルグロッツは数学の多くの分野に通じており，明快な講義をすることで学生にも人気があった．彼は政治的なことからは距離を保ち，数学教室の運営に関してはハッセに任せていたようである．突撃隊（SA）の熱心なメンバーであったヴィットは突撃隊の制服を着てエミー・ネーターのセミナーに参加したこともあった．このヴィットをネーターがゲッチンゲンを去った後，ハッセが着任するまで指導したのはヘルグロッツであった．

　ジーゲルはヘルグロッツ達のとのハイキングの他に週末にはヘル・ブラウンと二人でハイキングに出かけている．大学

ではゲッチンゲンに移った当初は天体力学に関する講義を行っており，ヘル・ブラウンは講義のノートを作る役を引き受けていた．ジーゲルの天体力学に関する最初の論文は

> [23] Über die algebraischen Integrale des restringierten Dreiköper Problems（制限 3 体問題の代数積分について），Transaction AMS., 39（1936），225–233.

であり，これはフランクフルト時代の仕事である．ヘル・ブラウンによればジーゲルは 1935 年頃までは 2 次形式の理論をその後 1940 年頃にまでは多変数の保型形式論（ジーゲル保型形式の理論）を研究の主要なテーマとしていた．ジーゲルの数学については章を改めて説明したい．1933 年以降の政治的な状況の中で，ジーゲルは精神的な平衡を保つのに多大の労力を要した．度重なるハイキングもそうした試みの一環だったと思われる．その一方で，こうした困難な状況にあっても研究を続けていたことは 1935 年以降たくさんの論文が出版されていることからも分かる．

　ジーゲルは自分の研究のノートは殆ど残さなかったようである．講義でもノートは余り用いなかったようで，自ら得た成果は頭の中に整理してしまっておくことができたようである．1940 年 3 月にアメリカへ亡命する際もノート類は持っていなかったが，アメリカ亡命後たくさんの論文を矢継ぎ早に発表している．数学記号が記されたノートを持っていなかったジーゲルは不審者とは思われず，国境を越えることは難しことではなかった．数学の草稿を持っていてスパイと間違

えられ逮捕されたアンドレ・ヴェイユとは対照的であった．旅行の際，軽いトランクしか持たないことに関してはランダウに学んだとジーゲルはしばしば語ったそうである．ゲッチンゲン大学での学生時代にランダウはジーゲルに対して，何もおいていない机を指さして「私からたくさんの数学を学ぶことはできないかもしれないが，秩序を保つことについては学ぶことができる」と話したそうである．筆者がゲッチンゲンで晩年のジーゲル先生を尋ねたとき先生の机の上には時計が一つおかれただけであったことを思い出す．

7．アメリカへ

　1939 年の夏学期が終わってジーゲルは世界を見てそこで人がどのように生活しているかを知るためにとベル・ブラウンを長期の旅行に誘った．バーゼルからスイスを経てローマまで行く旅行であった．ジーゲルにはドイツを去らねばならないときが近づいていることを自覚した上での行動であったと思われる．必要な荷物は先に送り出して，二人はリュックを背負うだけで，あらかじめホテルを予約するわけでもなく旅行に出かけた．スイスでは著名な観光地だけでなく，山小屋を借りて長期間過ごし，ジーゲルは絵を描き，雲海の中で 2 週間，二人は論文を書き，計算をして過ごしたこともあった．ラロンのリルケの墓では二人は代わる代わるリルケの詩を朗読して過ごしている．スイス滞在の後，二人

はベニス，フィレンツェを経てローマに着き，ローマでは 3 週間過ごしている．当時のイタリアはムッソリーニの独裁下にあったが，旅行者としてのヘル・ブラウンにはファッシズムの影響を直接見ることはできなかったと記している．

ところで二人の旅行中の 9 月 1 日，ドイツのポーランド侵攻が始まった，9 月 1 日早朝，ドイツ軍がポーランドへ侵攻し，9 月 3 日にはイギリス・フランスがドイツに宣戦布告し，第二次世界大戦が始まった，9 月 17 日にはソ連軍も東から侵攻し，ポーランドは独ソ両国に分割・占領された．こうした中で，9 月末に二人は旅行を終え，ヘル・ブラウンはフランクフルトへ，ジーゲルはベルリンへ戻った．ベルリンにはジーゲルの父親が病気であったが，10 月に亡くなった．ジーゲルは 10 月一杯ベルリンへ残り，葬儀を終えてゲッチンゲンへ戻ってきた．ジーゲルにはドイツに留まる理由はなくなり，ドイツを去る時期を考え始めていた．秋にヘル・ブラウンとヴォルフガング湖へ最後の旅行をしている．1940 年初めにジーゲルはドイツを去り，デンマークで暫く講義をした後，ノルウェーに出かけた．3 月にノルウェーのトロントハイムにいるデーンを尋ね，そのままアメリカへ亡命した．ジーゲルがノルウェーからアメリカへ去った数日後にドイツはノルウェーを占領し，アメリカへ直接脱出することはできなくなった．シベリヤ，日本を経てアメリカへ渡ったデーンの大変な脱出はジーゲルが記している通りである（§ 3）．

ジーゲルは小さなトランクしか持たずに旅行しており，ま

たしばしばドイツ国外を旅行していたので，おそらくはナチス当局に目をつけられていたと思われるが，ドイツ国境を超えて国外に出ることはそれほど難しくなかったようである．アメリカへ渡ったジーゲルにはプリンストンの高級科学研究所の研究員の職が用意されていた．

ジーゲルはヘル・ブラウンに一緒にアメリカへ亡命するようには勧めなかった．彼女には年老いた両親がおり，また弟が従軍していたことを知っていたジーゲルには彼女の立場がよく分かっていた．ジーゲルはヘル・ブラウンには何も告げずにドイツを去って行った．1945年，ドイツ敗戦後，赤十字を通して「自分はプリンストンにいる」というジーゲルの短い手紙をヘル・ブラウンは受け取り，1947年にはヘル・ブラウンはプリンストンへ招聘されてジーゲルと会っている．

8. タイッヒミュラー

ジーゲルとは直接的な関係はなかったが，ジーゲルと対照的に悲劇的な生涯を送ったタイッヒミュラーについて少し触れておきたい．タイッヒミュラーは1913年に生まれ，ハルツ山地の寒村で育った．父は織工で第一次大戦に従軍して負傷し，それが元でタイッヒミュラーが12歳のときに亡くなった．父の死後叔母を頼ってノルトハウゼンに移りそこのギムナジュームに通い，1931年ゲッチンゲン大学に入学した．タイッヒミュラーは年少の時から才能を発揮し，ゲッ

チンゲン大学入学時にもその才能を認められていたが，地方出身者として孤独であったと伝えられている．彼はゲッチンゲンで1学期を過ごした後，ナチス党に入党し，突撃隊（SA）にも参加した．地方出身のタイッヒミュラーはナチスの宣伝に共感を覚えただけでなく，理論面でナチスを支えるようになっていった．すでに述べた1933年11月2日のランダウの講義ボイコット事件の首謀者となり，ランダウにその理由を記した手紙を送っている（本章134ページ）．しかし，かれが他のナチス信奉者と違っていたのは，反ユダヤ主義と云うよりは，ユダヤ的な考え方を大学に入学したての学生に教えることに対する反対であった．ランダウ事件はベルリン大学のビーベルバッハを刺激し，彼のドイツ数学の主張を勢いづけた．二人はその後協力し合うようにしてドイツ数学の主張を強めていく．しかしながら，タイッヒミュラーは政治的な行動には関心が無く，数学への関心はドイツ数学の主張以上に強かった．彼は優れた数学に関してはドイツ数学の主張には関係なく認めていたように思われる．1933年から34年にF. レリッヒはセミナーでヒルベルト空間の作用素論を取り上げた．レリッヒはクーラントの助手をしていて，当時大学当局からにらまれており，政治的に孤立していた．そうした中でタイッヒミュラーは当時学生であり突撃隊の隊員でもあったヴァックス（Hermann Wachs）と共にセミナーに出席し，ヴァックスはヒルベルト空間が複素数体上の無限次元空間であるので，複素数の代わりに四元数を使って同様の議論を展開できないかという問題を提起した．

ヴァックス自身はそれ以上はこの問題を追及しなかったよう
であるが，タイッヒミュラーはこの問題を追及して，ヒルベ
ルト空間の作用素のスペクトル理論に対応する理論を構築す
ることを試みた．1934年末にタイッヒミュラーは論文を書
き上げたが，一番理解することのできたレリッヒは同年11
月にはゲッチンゲン大学から職の延長を拒否されマールブル
ク大学へ去って行っていた．そのこともあり，タイッヒミュ
ラーは論文をハッセに提出し，ハッセはミュンスター大学の
ケーテ（Gottfried Köthe, 1905-1989）に助言を求めた．ケ
ーテの助言に基づいて論文は完成され，1935年6月にハッ
セを主査として学位審査が行われ，学位が与えられた．こ
の学位論文は

Operatoren im Wachsschen Raum（ヴァックス空間の作
用素），J. für reine und angewandte Math., 174（1935），
73-124

として出版された．ハッセはタイッヒミュラーの数学的な才
能を高く評価して数学教室の助手に採用するように大学当
局に働きかけ，タイッヒミュラーは助手のポストを得た．一
方，突撃隊員としてはチームリーダー（Rotten Füher）であ
ったが，政治的には彼は何もしていないと非難をされてい
る．彼にとってはナチスの理念には共鳴しても，それ以上
に数学への興味が大きく，政治的な運動からは自然に遠ざ
かってしまったものと思われる．助手になった後はハッセの
影響を受け離散付値環の構造に関する研究など代数に関す

る論文を 1936 年には 5 篇，1937 年には 3 篇発表している．
しかし，1936 年からはビーベルバッハの影響が大きくなり，
教授資格論文の題材として複素函数論を選び，1937 年に予
備的な論文 2 篇をビーベルバッハが出版を始めた雑誌「ドイ
ツ数学」第 2 巻に出版している．一つは値分布論でありもう
一つは擬等角写像に関する論文である．すでに述べたよう
に，1936 年から 37 年にかけてネヴァンリンナがゲッチンゲ
ン大学数学教室で客員教授として赴任し，擬等角写像をセ
ミナーの題材にしており，これらの論文はビーベルバッハの
影響よりはネヴァンリンナの影響が色濃く現れている．新し
い数学に接すると短期間の内にそれを吸収してオリジナルな
論文を書き上げていることにタイッヒミュラーの並々ならぬ
数学の才能を見ることができる．

　1937 年にベルリン大学へ移ったタイッヒミュラーは教授
資格論文の仕上げに取り掛かり年末にはほぼ完成させてい
る．1938 年の 3 月に教授資格試験を受け合格した．教授資
格論文は

　Untersuchung über konforme und quasikonforme
　Abbildung（等角および擬等角写像に関する研究），
　Deutsche Math., 3（1038），621–678

として発表された．さらに 1938 年末から 1939 年にかけて
後にタイッヒミュラー空間論として大きく進展していく原動
力となった荒削りの大論文

　Extremal quasikonforme Abbildungen und quadratische

Differentiale（極値的擬等角写像と2次微分），Ahh.
Peruß. Akad. Wiss., math. -naturw. Kl. 22,（1939），
1-197

を発表した．この論文はリーマンに始まる閉リーマン面のモ
ジュライ問題を境界付き閉リーマン面に拡張し，擬等角写
像の手法を使って探求したものである．同位相の境界付き
リーマン面 X, X' の同相可微分写像 $f: X \to X'$ に対して

$$D_f(x) = \frac{|f_z(x)| + |f_{\bar{z}}(x)|}{|f_z(x)| - |f_{\bar{z}}(x)|}$$

が任意の点で定義できる．X のすべての点で
$D_f(x) \leq K$, $K \geq 1$ であるような正数 K が存在するときに
写像 f は擬等角であると呼ばれる．この擬等角性は教授
資格論文で議論された四辺形や環状領域を使った擬等角写
像の定義と同値であることが知られている．タイッヒミュ
ラーは上記の大論文で，まず同相な境界付き閉リーマン面
X, X' に対しては必ず擬等角可微分同相写像 $f: X \to X'$ が
存在することを示し，二つの境界付き閉リーマン面 X, X'
間の距離 τ を

$$\tau(X, X') = \frac{1}{2} \inf_f \log K_f, \ K_f = \sup_{x \in X} D_f(x)$$

と定義した．ここで f は擬等角可微分同相写像 $f: X \to X'$
を動く．値 $\inf_f \log K_f$ をとる擬等角可微分写像 f を極
値的擬等角写像とタイッヒミュラーは呼び，同相写像
$f_0: X \to X'$ のホモトピー類の中に必ず極値的擬等角写像が
存在することを示し，種数 g の閉リーマン面 X を一つ固定
した同相写像のホモトピー類の全体 T_g は $\mathbb{R}^{6g-6}$ と同相であ

ることもタイッヒミュラーは示した．さらに極値的擬等角
写像と正則2次微分との関係を示した．今日，複素構造の
変形理論から2次微分が登場する理由は分かるが当時とし
ては驚嘆すべき結果であった．タイッヒミュラー空間に関す
る最後の論文

Veränderliche Riemannsche Flächen（変形リーマン面），
Deutsche Math., 7（1944），344–359

でタイッヒミュラー空間 T_g に複素構造が導入できることが
スケッチされている．

タイッヒミュラーによって導入されたタイッヒミュラー空
間と擬等角写像の理論は第二次大戦後アールフォース（Lars
Ahlfors, 1907–96）とバース（Lipman Bers, 1914–93）によ
って厳密に再構成され，その後の進展の基礎となった．

ところでベルリン大学ではタイッヒミュラーは奨学金を得
て研究を行っていて職に就くことはなかった．1939年8月
から兵役に就き，1940年のノルウェー侵攻に従軍したが，
すぐに呼び戻されベルリンの軍本部で暗号解析の仕事につい
た．1942/43年にはビーベルバッハの働きかけでベルリン
大学で講義ができるようになった．しかし1943年7月には
軍の呼びかけに応じて，暗号解読の仕事を辞めてドニエプル
川の戦いに参戦し1943年9月に戦死した．

タイッヒミュラーが数学に専念できた時期はきわめて短か
ったが，人生最後の10年間に34篇の論文を発表し，戦後
の世界の数学界に大きな影響を与えた．もし彼が，平和な

時代に活躍することができたら，さらに大きな成果をあげる
ことができたであろうと思われ，何とも残念なことである．

第6章

ジーゲルまでの2次形式論の歩み

　これまで主としてジーゲルの履歴をおってきたが，これか
らジーゲルの数学について論じたい．ジーゲルの数学は大別
すると3つに分けることができる．

1) 数論（代数的数論，超越数論，ディオファンタス近似，
　　ゼータ関数，2次形式）

2) モジュラー関数と不連続群

3) 天体力学

　1) と 2) とは2次形式の理論を通して密接に関係してい
る．3) は 1)，2) とは系統が異なる数学であるが，ジーゲル
の貢献は著しい．ベルリン大学へ入学当時は天文学を研究
したいと考えていたこと，ベルリン大学では数学だけでなく
マックス・プランクのゼミに参加していたことなどを考える
と，ジーゲルは最初から天体力学に並々ならぬ関心を抱い
ていたようである．ジーゲルが研究を始めたときは天体力学
は古典解析学の分野と深い関係を持っていた．古典解析学

を自家薬籠中のものとして多くの研究に使っていたジーゲル
にとっては天体力学も数論とそれほどかけ離れた分野とは感
じられなかったと思われる.

　1）と関係して，読者にあまりなじみがないと思われる2
次形式の理論から始めたいと思う. 2次形式の数論は日本で
はほとんど論じられることがない. そのため2次形式論の
歴史的背景について少し詳しく述べたい. それによってジー
ゲルの2次形式論の数学的意義が明らかになることを期待
したい.

1. 2次形式論前史

1.1 ディオファントス

　2次式に関係する数論はピタゴラス数（$x^2+y^2=z^2$
（$x^2+y^2=z^2$）を満たす自然数の組 (l, m, n)）を考えるだけで
も面白い分野が含まれていると感じられるであろう. 歴史的
にはピタゴラス数の後，ディオファントスの『数論』の中で
2次式と関連する問題が取り扱われた. ディオファントスは
3世紀頃にアレキサンドリアで活躍したと考えられているが
詳細は不明である. 彼の著した『数論』(Arithmetica) は後の
数論の発展に大きな影響を与えた.

　ディオファントスの『数論』は問題とその解法を集めたも
ので，もともとは13巻あったと考えられているがギリシア
語での著作は6巻まで，アラビア語訳では4巻から7巻ま

でが残されている．アラビア語訳に対応するギリシア語の原本は残されておらず巻数のつけ方がどこかで間違ってしまったようである．ユークリッドの『原論』とは全く異なるスタイルの著作で，整数や有理数のさまざまな性質を使って問題が解かれている．フェルマがその欄外にフェルマ予想を書き込んだことで有名な第2巻の問題8は次のようなものである（ヒースの英訳に従って現代的な記号を使って解答の部分は書き直してある）．

与えられた平方数[*1]を二個の平方数に分けよ．

平方数16が与えられたとせよ．x^2を求めるべき平方数の1つとせよ．すると$16-x^2$は平方数に等しくなければならない．mを整数とし，4は16の平方根であり，$(mx-4)^2$の形の平方数をとれ．例えば$(2x-4)^2$をとりこれが$16-x^2$と等しいとおく．

$$4x^2-16x+16=16-x^2$$

これは$5x^2=16x$となり$x=\dfrac{16}{5}$．

求めるべき平方数は従って$\dfrac{256}{25}$と$\dfrac{144}{25}$である．

この問題に関してフェルマは

一方，立方数を2つの立方数の和に分けることはできな

[*1] より正確には正方形数と訳した方がよい．数aに対してa^2を意味する．このとき数aをディオファントスは辺と呼んでいる．

い．また，4 乗数を 2 つの 4 乗数の和に，一般に，2 乗より大きいべき乗数を 2 つの同べき乗数の和に分けることはできない．このことに関して，私は真に驚歎すべき証明を見つけたが，この余白はそれを書くには狭すぎる．

と欄外に書き込んだ．フェルマが読んだ『数論』にフェルマの欄外の書き込みを挿入した版が 1670 年にフェルマの息子によって出版されてからフェルマ予想として多くの数学者の関心を引くことになった．

　ところで，フェルマが読んだ『数論』はバシュ（Bachet, 1581–1638）がギリシア語原文とラテン語の対訳を註釈付きで 1621 年に出版したものである*[2]．上の『数論』の問題の解答からも推測されるように，ディオファントスが関心を持ったのは有理数による解であって，整数の性質は多くの所で使っているが整数解ではなかった．『数論』の問題を整数の問題として捉え直したのはフェルマの功績である．

　ところで『数論』では数を平方数の和に分解することがさまざまな形で登場する．例えば『数論』第 3 巻の問題 19 は

　　4 個の数（正の有理数）に関してその和の平方からそれぞれの数を足すかまたは引くと平方数になるとき，この 4

---

*[2]　1621 年出版のバシュ版『数論』（Diophanti Alexandrini Arithmeticorvm libri sex, et De nvmeris mvltangvlis liber vnvs）を京都大学理学研究科数学教室が所蔵しており，その画像は京都大学貴重書デジタルアーカイブで見ることができる．大型の本で余白はかなり大きいので，フェルマの「証明」はきわめて長かったものと思われる．

個の数を求めよ.

『数論』のこの問題の解法の 1 つは有理数 r が

$$r^2 = p_i^2 + q_i^2, \ i = 1, 2, 3, 4$$

と有理数の平方の和として 4 通りの異なる分解を持つ場合に具体的に解を見出す方法を記している. こうした数の分解がある場合にディオファントスは 4 個の数を $2p_i q_i x^2, \ i = 1, 2, 3, 4$ として 4 個の数の和が rx であるように x を決めている. 実際, このときは

$$(rx)^2 \pm 2p_i q_i x^2 = (p_i^2 + q_i^2 \pm 2p_i q_i) = (p_i \pm q_i)^2 x^2,$$
$$i = 1, 2, 3, 4$$

となるので, r, p_i, q_i が有理数であれば $x = r/2(p_1 q_1 + \cdots + p_4 q_4)$ ととることによって 4 個の有理数を見出すことができる. 問題は 4 個の数の平方にそれぞれの数を足すか引くか一方の条件でよいが, この解法では両方の条件を満たすことになる.

　具体的にはディオファントスは $r = 65$ にとって議論している. $65^2 = 39^2 + 52^2 = 25^2 + 60^2$ であるが他のピタゴラス数を見出すために. 公式 $(p^2 - q^2)^2 + 4p^2 q^2 = (p^2 + q^2)^2$ を使っている. $65 = 7^2 + 4^2 = 8^2 + 1^2$ であるので $(7^2 - 4^2, \ 2 \cdot 7 \cdot 4, \ 7^2 + 4^2) = (33, 56, 65), \ (2 \cdot 8 \cdot 1, 8^2 - 1^2, \ 8^2 + 1^2) = (16, 63, 65)$ もピタゴラス数であることに注意する. すなわち 65^2 は 4 個の異なる 2 平方数の和を持つ.

　これらのディオファントスの議論をヒントにしてフェルマは $4n + 1$ の形の素数は 2 個の平方数の和に書くことができる

が $4n+3$ の形の素数は 2 個の平方数の和に書くことができないことを証明できると主張した．$4n+3$ の形の自然数は 2 個の平方数の和に書くことができないことの証明は簡単であり，フェルマが既に気がついていた．すべての整数 m に対して $m^2 \equiv 0 \pmod 4$ または $m^2 \equiv 1 \pmod 4$ であるので自然数 x, y に対して x^2+y^2 は 4 を法として 0, 1 または 2 と合同となるからである．一方 $4n+1$ の場合も素数と限らなければ必ずしも 2 個の平方数の和として表すことはできない．

$$x^2+y^2 = 21$$

は整数解をもたない．$4n+1$ の形の素数が 2 個の平方数の和で表すことができることはオイラーによって初めて証明された．

さらに『数論』第 4 巻 問題 29 もフェルマに大きな影響を与えている．現代風に問題を記述すると，与えられた自然数 a にたいして

$$x^2+y^2+z^2+w^2+x+y+z+w = a$$

が成り立つような有理数 x^2, y^2, z^2, w^2 を見付ける問題である．ディオファントスは $a=12$ の場合を取り上げ次のように議論している．

$x^2+x+\dfrac{1}{4}$ は平方数である．従って問題の解があるとすると $x^2+y^2+z^2+w^2+x+y+z+w+1 = 13$ は 4 個の平方数の和である．そこで 13 を 4 個の平方数に分け，その各々の辺（平方根のこと）から $\dfrac{1}{2}$ を引いたものが x, y, z, w である．さて

$$13 = 4 + 9 = \left(\frac{64}{25} + \frac{36}{25} \right) + \left(\frac{144}{25} + \frac{81}{25} \right)$$

であるので $x = \dfrac{11}{10}$, $y = \dfrac{7}{10}$, $z = \dfrac{19}{10}$, $w = \dfrac{13}{10}$ ととることができる.

この解法に関係して, バシュは平方数でない自然数は 2 個, 3 個または 4 個の有理数の平方数の和として表されることをディオファントスは仮定して議論しており, 自分は 325 までこれが正しいことを確かめたことを記している. この言明に恐らくはヒントを得てフェルマはすべての自然数は 2 個, 3 個または 4 個の平方数の和として書くことができること主張した. それ以前に彼は自然数が 2 個, 3 個または 4 個の有理数の平方数の和として表されるならば整数の平方数で表すことができるかも問題にしていた.

これらの例が示すようにディオファントスの『数論』は刺激に満ちた内容をもち, フェルマのみならず後世の数学者に多くの影響を与えた. ところですべての自然数を 4 個の平方数で表す問題は第 2 章 §3 で述べたウェアリングの問題の一番簡単な場合であり, そこで述べたようにラグランジュによって初めて証明された.

フェルマは今日ペル方程式と呼ばれる

$$x^2 - Ay^2 = 1$$

の整数解を見出す問題を考え, 彼自身もその解法を持っていたようである. もっともこの方程式の整数解を求める方法は

フェルマ以前にインドの数学者によって見出されていた[*3].

　このように2次形式と数論とは深く関係している．一方，デカルトの座標幾何学の導入によって円錐曲線は2変数の2次式の零点として表すことができることが分かり，幾何学的にも2次形式が注目を浴びるようになった．

　2次形式の問題を深く追求したのはラグランジュとガウスであった．

2．ラグランジュの2次形式論

　ラグランジュもどのような自然数が2次式で表現できるかという問題をとりあげ，そのために整数係数の一般の2元2次形式

$$ax^2 + bxy + cy^2$$

を考察した．数論的に興味があるのは a, b, c が整数の場合である．さらに a, b, c は互いに素な整数である場合を考察すれば十分である．行列を使えば上の2次形式は

$$(x, y) \begin{pmatrix} a & b/2 \\ b/2 & c \end{pmatrix} \begin{pmatrix} x \\ y \end{pmatrix}$$

と表すことができる．変数が多くなる場合は2次形式をこのように対称行列を使って表した方が便利になる．対称行列表現では b が奇数の時は $b/2$ は整数とならないので2元2次形式として

[*3]　林隆夫『インド代数学研究』恒星社厚生閣，2016 年

$$ax^2 + 2bxy + cy^2$$

を考えることも多い．ガウスはこの表示式を使っている．この場合は a, b, c の最大公約数が1であっても $a, 2b, c$ の最大公約数は1ではなく2になることもあり，二つの場合に分けて考察しなければならない場合も起こってくる．このように二つの表示法はそれぞれ一長一短があって今でも両者の表記法が併存している．

さてラグランジュは整数係数の2元2次形式を使って，整数 n に対して

$$ax^2 + bxy + cy^2 = n \tag{2.1}$$

が整数解をいつもつかを考えた．

整数 n が整数 x_0, y_0 によって

$$n = ax_0^2 + bx_0 y_0 + cy_0^2$$

と表されたと仮定する．整数 $\alpha, \beta, \gamma, \delta$ が

$$\alpha\delta - \beta\gamma = \pm 1$$

を満たすとき

$$\begin{pmatrix} A & B \\ C & D \end{pmatrix} = \begin{pmatrix} \alpha & \gamma \\ \beta & \delta \end{pmatrix} \begin{pmatrix} a & b \\ c & c \end{pmatrix} \begin{pmatrix} \alpha & \beta \\ \gamma & \beta \end{pmatrix}$$

から定まる2次形式 $Ax^2 + Bxy + Xy^2$ を考える．そこで

$$\begin{pmatrix} X_0 \\ Y_0 \end{pmatrix} = \begin{pmatrix} \delta & -\beta \\ -\gamma & \alpha \end{pmatrix} \begin{pmatrix} x_0 \\ y_0 \end{pmatrix} = \begin{pmatrix} \delta x_0 - \beta y_0 \\ -\gamma x_0 + \delta y_0 \end{pmatrix}$$

とおくと X_0, Y_0 は整数となり

$$n = AX_0^2 + BX_0 Y_0 + CY_0^2$$

が成り立つ．ここで

$$\begin{pmatrix} \delta & -\beta \\ -\gamma & \alpha \end{pmatrix} = \pm \begin{pmatrix} \alpha & \beta \\ \gamma & \delta \end{pmatrix}^{-1}$$

であることに注意する．右辺の符号は $\alpha\delta-\beta\gamma=1$ のとき $+$，$\alpha\delta-\beta\gamma=-1$ のとき $-$ である．

そこで

$$GL(2,\mathbb{Z})=\left\{\begin{pmatrix} \alpha & \beta \\ \gamma & \delta \end{pmatrix} \,\middle|\, \det\begin{pmatrix} \alpha & \beta \\ \gamma & \delta \end{pmatrix}=\pm 1,\ \alpha,\beta,\gamma,\delta\in\mathbb{Z}\right\}$$

$$SL(2,\mathbb{Z})=\left\{\begin{pmatrix} \alpha & \beta \\ \gamma & \delta \end{pmatrix} \,\middle|\, \det\begin{pmatrix} \alpha & \beta \\ \gamma & \delta \end{pmatrix}=1,\ \alpha,\beta,\gamma,\delta\in\mathbb{Z}\right\}$$

とおく．$GL(2,\mathbb{Z})$ は行列の積に関して群となり $SL(2,\mathbb{Z})$ は指数 2 の部分群である．2 次形式 (2.1) に対して対称行列

$$\begin{pmatrix} A & B \\ C & D \end{pmatrix}={}^t\!\begin{pmatrix} \alpha & \beta \\ \gamma & \delta \end{pmatrix}\begin{pmatrix} a & b \\ c & d \end{pmatrix}\begin{pmatrix} \alpha & \beta \\ \gamma & \delta \end{pmatrix},$$

$$\begin{pmatrix} \alpha & \beta \\ \gamma & \delta \end{pmatrix}\in GL(2,\mathbb{Z})$$

から定まる 2 次形式 $Ax^2+Bxy+Cy^2$ を (2.1) に同値な 2 次形式という．行列式 $\alpha\delta-\beta\gamma=1$ の場合は (2.1) に狭義同値，$\alpha\delta-\beta\gamma=-1$ のときは広義同値といって区別するときがある．ガウスの 2 次形式論では狭義同値と広義同値は区別して議論する必要があるが，ラグランジュはそこまではまだ到達していない．

さて 2 次形式 (2.1) の x,y にあらゆる整数を代入して出てくる整数を 2 次形式 (2.1) が表す整数と呼ぶことにしよう．そうすると 2 次形式 (2.1) に同値な 2 次形式 $Ax^2+Bxy+Cy^2$ は (2.1) と同じ整数を表すことが上の考察から分かる．さらに 2 次形式 (2.1) を定める対称行列の行列式の符号を逆にして 4 倍した

$$D=-4\begin{vmatrix} a & b/2 \\ b/2 & c \end{vmatrix}=b^2-4ac$$

を 2 次形式（2.1）の判別式と呼ぶ．同値な 2 次形式は同じ判別式を持つことが分かる．判別式が 0 であれば 2 次形式は 1 次式の自乗となるので，以下では判別式が 0 でない 2 次形式のみを考察する．

さてラグランジュは同値な 2 次形式のうちでできるだけ簡単なものを考えた．かれは $(x,y) \mapsto (x-rx, y)$, $(x,y) \mapsto (x, y-rx)$ の形の変換（それぞれ $SL(2, \mathbb{Z})$ に属する行列

$$\begin{pmatrix} 1 & -r \\ 0 & 1 \end{pmatrix}, \begin{pmatrix} 1 & 0 \\ -r & 1 \end{pmatrix}$$

に対応する）を何度か適用することによって，2 次形式は係数に関する条件

$$|b| \leqq |a|, \; |b| \leqq |c|$$

を満たす 2 次形式と狭義同値になることを示した．実際，2 次形式 $ax^2 + bxy + cy^2$ に対して x を $x-rx$ で置き換えると

$$ax^2 + (b-2ar)xy + (c+ar-br-2)y^2$$
$$= a_1 x + b_1 xy + c_1 y^2, \; a_1 = a$$

に変換される．もし $|b| > |a|$ であれば整数 r を適当に取ることによって $|b_1| \leqq |a_1| = |a| < |b|$ が成り立つようにできる．もし $|b_1| > |c_1|$ であれば今度は y を $y - r_1 x$ に置き変えることによって同値な

$$a_2 x^2 + b_2 xy + c_2 y^2, \; c_2 = c_1$$

に変換される．今度は $|b_2| \leqq |c_2| = |c_1| < |b_1|$ である．一方，この操作では必ず $|b_2| < |b_1|$ となるので有限回でこの操作は終わり，最終的に得られた 2 次形式

$$px^2 + qxy + ry^2$$

は $|q| \leqq |p|$ および $|q| \leqq |r|$ が成立しなければならない．同値な変形をしているので判別式は一致する．

$$D = b^2 - 4ac = q^2 - 4qr$$

この条件を満たす2次形式を簡約2次形式とよぶ．

そこで $ax^2 + bxy + cy^2$ が簡約2次形式としよう．判別式 $D = b^2 - 4ac < 0$ であれば $b^2 < 4ac$ であるので特に $ac > 0$ である．簡約されているので $|b| \leqq |a|, |c|$ であることから

$$b^2 \leqq ac$$

が成り立ち，これより

$$|D| = 4ac - b^2 \geqq 3ac$$

が成り立つ．従って上の不等式より

$$b^2 \leqq \frac{1}{3}|D|$$

であることが分かる．

一方 $D = b^2 - 4ac > 0$ であれば簡約の条件より得られる不等式

$$b^2 \leqq |ac|$$

を使うと a, c は異符号であることが分かり，さらに

$$D = b^2 - 4ac = b^2 + 4|ac| \geqq 5b^2$$

であることが分かる．これより

$$b^2 \leqq \frac{1}{5}D$$

が成り立つことが分かる．いずれの場合も判別式 D の値を固定すると b は有限個の可能性しかない．このとき

$$4ac = b^2 - D$$

より a, c も有限個の可能性しかない．整数係数の2次形式

は簡約 2 次形式と狭義同値であることより次の定理が証明されたことになる.

> **定理 2.1**　判別式 D を持つ整数係数の 2 元 2 次形式の狭義同値類は有限個である.

この事実はガウスによってさらに深められることになる. なお $GL(2, \mathbb{Z})$ による広義同値を考えると

$$\begin{pmatrix} 0 & 1 \\ 1 & 0 \end{pmatrix}$$

によって x と y を入れ替えることができるので簡約の条件はさらに

$$|b| \leqq |a| \leqq |c|$$

と強めることもできる. さらにラグランジュは $D < 0$ の場合は簡約 2 次形式 $ax^2 + bxy + cy^2$ に同値な簡約 2 次形式は $ax^2 \pm bxy + cy^2$, $cx^2 \pm bxy + ay^2$ 以外にはないことも証明している.

ラグランジュの理論はルジャンドルによってさらに整理されたが本質的な理論化と進歩はガウスを待たなければならなかった.

以上, 結果だけ駆け足で記してきたので少し例を考えてみよう. 2 元 2 次形式

$$x^2 + 55y^2 \tag{2.2}$$

$$5x^2 + 11y^2 \tag{2.3}$$

は共に判別式 $D = -220$ を持つ. この二つの 2 次形式は同値

ではない.（2.2）は 1 を表すことができるが,（2.3）は 1 を表すことができないからである. しかしながら（2.3）も面白い性質を持っている. M を奇数の自然数とすると

$$4p \equiv 1 \ (\mathrm{mod}\, M)$$

を満たす自然数 p が存在する. すると

$$5p^2 + 11p^2 = 16p^2 = (4p)^2 \equiv 1 \ (\mathrm{mod}\, M)$$

が成り立つ. すなわち

$$5x^2 + 11y^2 \equiv 1 \ (\mathrm{mod}\, M)$$

は M が奇数であれば必ず整数解 $(x, y) = (p, p)$ を持つ.

　M が偶数の場合を考えるために 2 のべきの場合を先ず考える. いささか天下りであるが

$$\alpha = 1 + 2^3, \quad \beta = 2 + 2^2 + 2^3$$

とおいてみよう. 簡単な計算で

$$\alpha^2 = 1 + 2^4 + 2^6, \quad \beta^2 = 2^2 + 2^6 + 2^7$$

であることが分かる.

$$5 = 1 + 2^2, \quad 11 = 1 + 2 + 2^3$$

に注意して計算すると

$$5\alpha^2 + 11\beta^2 = 1 + 2^9 + 2^{11}$$

が簡単に分かる. 従って

$$5x^2 + 11y^2 \equiv 1 \ (\mathrm{mod}\, 2^m)$$

の整数解の一つ $(x, y) = (x_m, y_m)$ として $m \leqq 9$ のとき

$$x_1 = x_2 = \cdots = x_9 = \alpha,$$
$$y_1 = y_2 = \cdots = y_9 = \beta$$

と取ることができる. そこで $m > 9$ のときに帰納的に x_m, y_m を求めてみよう.

$$5x_m^2 + 11y_m^2 \equiv 1 \pmod{2^m}$$

なる整数解 (x_m, y_m) が

$$x_{m-1} \equiv x_m \pmod{2^m}, \quad y_{m-1} \equiv y_m \pmod{2^m}$$

なる条件のもとに見つかったと仮定する．$m \leqq 9$ までは既に
この条件が満たされる解が存在する．そこで $m \geqq 9$ と仮定す
る．この解 (x_m, y_m) に対して

$$5x_m^2 + 11y_m^2 \equiv 1 \pmod{2^{m+1}}$$

であれば $x_{m+1} = x_m, \; y_{m+1} = y_m$ と取ればよい.

もし $5x_m^2 + 11y_m^2 \not\equiv 1 \pmod{2^{m+1}}$ であれば

$$5x_m^2 + 11y_m^2 \equiv 1 + 2^m \pmod{2^{m+1}}$$

でなければならない．このときは $x_{m+1} = x_m, \; y_{m+1} = y_m + 2^{m-2}$
とおく．すると $2(m-2) > m+1$ より

$$y_{m+1}^2 \equiv y_m^2 + 2^{m-1}y_m \equiv y_m^2 + 2^m \pmod{2^{m+1}}$$

が成り立ち

$$5y_{m+1}^2 + 11y_{m+1}^2 \equiv 5y_m^2 + 11y_m^2 + 2^m$$
$$\equiv 1 + 2^m + 2^m \equiv 1 \pmod{2^{m+1}}$$

が成り立つ．後に説明する p 進数を使えば，以上のプロ
セスを続けていけば $5x^2 + 11y^2 = 1$ を満たす 2 進整数解
(x_∞, y_∞) を見出すことができる．

以上の結果に中国の剰余定理を使えば，奇数，偶数を問
わずすべての自然数 N に対して

$$5x^2 + 11y^2 \equiv 1 \pmod{N} \qquad (2.4)$$

は整数解を持つことが分かる．中国の剰余定理は，共通因
数を持たない自然数 M_1 と M_2 と任意の整数 c_1, c_2 が与えら
れたとき

$$c \equiv c_i \pmod{M_i}, \ i = 1, 2$$

を満たす整数 c が $M_1 M_2$ を法として一意的に存在することを主張する定理である. $N = 2^k M$, M は奇数であるようにとれば $5x^2 + 11y^2 \equiv 1 \pmod{2^k}$, $5x^2 + 11y^2 \equiv 1 \pmod{M}$ は共に整数解を持つので (2.4) も整数解を持つことが分かる. この事実は, 後述するようにすべての素数 p に対して $5x^2 + 11y^2 = 1$ は p 進整数解を持つと言い換えることができる. また $5x^2 + 11y^2 = 1$ は楕円を表すので実数解を持つことは自明である.

実は簡単に分かることであるが $5x^2 + 11y^2 = 1$ は有理数解 $(x, y) = \left(\pm \dfrac{1}{7}, \pm \dfrac{2}{7} \right)$ を持っている. 同様に

$$5x^2 + 11y^2 = 55$$

は整数解は持たないけれども, 有理数解 $(x, y) = \left(\pm \dfrac{22}{7}, \pm \dfrac{5}{7} \right)$ を持っている. このことを使うと

$$\begin{pmatrix} \frac{1}{7} & -\frac{2}{7} \\ \frac{22}{7} & \frac{5}{7} \end{pmatrix} \begin{pmatrix} 5 & 0 \\ 0 & 11 \end{pmatrix} \begin{pmatrix} \frac{1}{7} & \frac{22}{7} \\ -\frac{2}{7} & \frac{5}{7} \end{pmatrix} = \begin{pmatrix} 1 & 0 \\ 0 & 55 \end{pmatrix}$$

成分が有理数で行列式が 1 の 2×2 行列の全体を $SL(2, \mathbb{Q})$ と記すと

$$\begin{pmatrix} \frac{1}{7} & \frac{22}{7} \\ -\frac{2}{7} & \frac{5}{7} \end{pmatrix} \in SL(2, \mathbb{Q})$$

である. すなわち変数変換 $(x, y) \longmapsto \left(\dfrac{1}{7}x + \dfrac{22}{7}y, -\dfrac{2}{7}x + \dfrac{5}{7}y \right)$ によって 2 次形式 $5x^2 + 11y^2$ は $x^2 + 55y^2$ に移る. このように 2 次形式 (2.2) と (2.3) とは同値ではないけれど, 変数変換を有理数係数までに拡張すれば互いに移り合うことがで

きる．このことはこの2つの2次形式はある種の関係を持っていることを示唆する．ガウスは種（genus）の概念を2次形式に導入し，これらの関係を明らかにして2元2次形式の理論を完成させた．こうして整数を2次式で表す問題で始まった数学はガウスによって2元2次形式の理論として完成した．

3．ガウスの2次形式論

　ルジャンドルまでの2次形式の理論はどのような整数を2次形式を使って表現することができるか，あるいはペル方程式 $x^2 - Ny^2 = \pm 1$ の整数解をようにどのようにして求めるかなどの問題意識に基づいて議論が続けられてきた．この考え方に対して2次形式そのものを正面から見据えて，2元2次形式の壮大な理論を創りあげたのはガウスであった．彼はその成果を『数論研究』（Disqusitiones Arithemeticae, Leipzig, 1801）[*4] として発表し，同時代のみならず後世の数学者に大きな影響を与えた．ジーゲルの2次形式論もガウスの議論にその源を発している．ここからはガウスが創りあげた2元2次形式の理論の一端を見ておこう．

[*4] 邦訳　高瀬正仁訳『ガウス整数論』朝倉書店，1995.

3.1　平方剰余

2 次形式論を展開するためにも欠かせないものに平方剰余の概念がある．奇素数 p と整数 $a \neq 0$ に対して

$$x^2 \equiv a \pmod{p} \tag{3.1}$$

を満たす整数解 x が存在するとき a を p の**平方剰余**といい $\left(\dfrac{a}{p}\right) = +1$ と記す．一方この合同 2 次方程式（3.1）を満たす整数解が存在しないときに a は p の**平方非剰余**といい $\left(\dfrac{a}{p}\right) = -1$ と記す[*5]．記号 $\left(\dfrac{a}{p}\right) = \pm 1$ はルジャンドル記号と呼ばれる．合同 2 次方程式（3.1）の考察で最初の重要な結果を得たのはオイラーであり，そのオイラーの結果はルジャンドルによってさらに大きく進展させられた．平方剰余の理論を完成させたのもガウスである．合同式で考えているので $a_1 \equiv a_2 \pmod{p}$ であれば $\left(\dfrac{a_1}{p}\right) = \left(\dfrac{a_2}{p}\right)$ である．

平方剰余，非剰余を議論するためには p の原始根の存在を使うのが早道である．素数 p に関して乗法群 $(\mathbb{Z}/p\mathbb{Z})^*$ は $(p-1)$ 次の巡回群であり，その剰余類 $\bar{r}$ がこの巡回群の生成元を与える自然数 $1 < r < p$ を p の原始根という．原始根 r を一つ選ぶと

$$\bar{a} = \bar{r}^{\,k}$$

である整数 $0 \leqq k \leqq p-2$ が一意的に定まる（$\bar{a}$ は a が定める

[*5]　a が p の倍数のとき $\left(\dfrac{a}{p}\right) = 0$ と定義することもある．

$(\mathbb{Z}/p\mathbb{Z})^*$ の元である）．この k を a の指数といい $\mathrm{Index}_p\,a$ と
記そう．すると

$$\left(\frac{a}{p}\right)=(-1)^{\mathrm{Index}_p\,a} \tag{3.2}$$

であることが分かる．従って p と素な整数 m, m' に対して

$$\left(\frac{mm'}{p}\right)=\left(\frac{m}{p}\right)\left(\frac{m'}{p}\right) \tag{3.3}$$

がなり立つことが分かる．平方剰余に関してオイラーは次の
定理を見出した．

定理 3.1（オイラーの基準）

奇素数 p に対して

$$\left(\frac{a}{p}\right)\equiv a^{(p-1)/2}\pmod{p}$$

が成立する．

平方剰余の理論で重要なのは次の定理である．

定理 3.2

p, q を相異なる奇素数とすると次のことが成り立つ．

$$\left(\frac{p}{q}\right)\left(\frac{q}{p}\right)=(-1)^{\frac{p-1}{2}\cdot\frac{q-1}{2}}, \tag{3.4}$$

$$\left(\frac{-1}{p}\right)=(-1)^{\frac{p-1}{2}}, \tag{3.5}$$

$$\left(\frac{2}{p}\right)=(-1)^{\frac{p^2-1}{8}}. \tag{3.6}$$

等式 (3.4) は平方剰余の相互法則, (3.5) は第一補充法則, (3.6) は第二補充法則と呼ばれる. 第一, 第二補充法則はオイラーの基準を使うと簡単に証明できる. 相互法則はオイラーが予想し, ルジャンドルによって最初の証明が与えられたが不完全であり, ガウスが『数論研究』のなかで初めて厳密な証明を与えた. ガウスは『数論研究』第4章で相互法則の証明を与え, さらに第5章で2次形式論を展開して別証明を与えている. 平方剰余の理論と相互法則の証明に関しては初等整数論の教科書を参照されたい.

3.2　2元2次形式の類と目

　ガウスは

$$ax^2 + 2bxy + cy^2 \qquad (3.7)$$

の形の2元2次形式を考察した. ここで a, b, c は整数である. 2次形式 (3.7) をガウスは (a, b, c) と略記する. ここでもガウスの記号を使う. a, b, c の最大公約数 $\mathrm{GCD}(a, b, c)$ が1のとき2次形式は**原始的** (primitive) である, あるいは **原始形式**とよぶ. 最大公約数 $d = \mathrm{GCD}(a, b, c)$ が1より大きい場合は2次形式を導来形式とよぶ. 原始形式 $(a/d, b/d, c/d)$ を d 倍すれば得られる2次形式だからである. xy の係数を偶数にとったために $\mathrm{GCD}(a, 2b, c)$ は1か2となり, 場合分けの議論が必要な場合がでてくるが, このように仮定した方が議論がスムースにいく場合が多い.

　2次形式 (3.7) の判別式 D を

$$D = -\begin{vmatrix} a & b \\ b & c \end{vmatrix} = b^2 - ac$$

と定義する. 判別式 D が平方数の場合は2次形式 (3.7) は
1次式の積に分解するので以下では D は平方数でないと仮
定する. また $D < 0$ のときは2次形式 (3.7) は正定値また
は負定値となるので, 正定値形式のみを考え, 以下 $a > 0$ と
常に仮定する.

まず2次形式の類の概念を導入する, 整数 m が2次形式
(a, b, c) と整数 k, l によって

$$m = ak^2 + 2bkl + cl^2$$

と表すことができるときに, 2次形式 (a, b, c) は m を表現す
るという. とくに k と l が互いに素な場合が重要で, このよ
うな表現を**原始表現**という. この場合

$$k\delta - l\gamma = 1$$

となる整数 γ, δ が存在する. そこで

$$\begin{pmatrix} x \\ y \end{pmatrix} = \begin{pmatrix} k & \gamma \\ l & \delta \end{pmatrix} \begin{pmatrix} u \\ v \end{pmatrix},$$

と変数変換をすると

$$ax^2 + 2bxy + cy^2 = mu^2 + b'uv + c'v^2,$$

$$c' = a\beta^2 + 2ba\beta + c\beta^2$$

の形になる. 今の場合 (a, b, c) と (m, b', c') が表現する整数
の集合は一致する. より一般に変数変換

$$\begin{pmatrix} x \\ y \end{pmatrix} = \begin{pmatrix} \alpha & \gamma \\ \beta & \delta \end{pmatrix} \begin{pmatrix} u \\ v \end{pmatrix}, \quad \begin{pmatrix} \alpha & \beta \\ \gamma & \delta \end{pmatrix} \in SL(2, \mathbb{Z}) \qquad (3.8)$$

によって2次形式 (a, b, c) が2次形式 $(a', b', c') : a'u^2 +$
$2b'uv + c'v^2$ に移ったとする. ここで $SL(2, \mathbb{Z})$ は整数係数の
2次の正方行列でその行列式が1であるものの全体である.

このとき (a, b, c) と (a', b', c') は**同値**であるという．この場合も (a, b, c) が表現する整数の全体と (a', b', c') が表現する整数の全体とは一致する．原始的に表現できる整数も一致する．さらに

$$a' = a\alpha^2 + 2b\alpha\beta + c\beta^2$$

であることも分かる．

　以上の考察は数の 2 次形式による原始的な表現は同値な 2 次形式を求める問題に帰着できることを示している．

　ところで行列式が ± 1 の 2 次の整数行列全体を $GL(2, \mathbb{Z})$ と記し，$GL(2, \mathbb{Z})$ の元で定義される（3.8）と類似の変数変換で移り合う 2 次形式を考えることもできる．この場合は**広義同値**であるという．広義でない同値を強調するときは**狭義同値**という．狭義同値な 2 つの 2 次形式は一般には広義同値ではない．例えば (a, b, c) と (c, b, a) は $\begin{pmatrix} 0 & 1 \\ 1 & 0 \end{pmatrix} \in GL(2, \mathbb{Z})$ によって移り合うので広義同値であるが一般には狭義同値ではない．また $2b$ が a の倍数，$2b = ka$ のときは $\begin{pmatrix} 1 & k \\ 0 & -1 \end{pmatrix} \in GL(2, \mathbb{Z})$ によって (a, b, c) に，つまり自分自身に移る．このような形式を**両面形式**あるいは**アンビグ形式**とよぶ．広義同値な 2 次形式は同じ値の判別式をもつことに注意する．

　同じ判別式を持つ 2 次形式は狭義同値類，または広義義同値類に分けることができるが，これらの同値類の個数は有限個である．これはラグランジュのところで述べたように，すべての 2 次形式は簡約形式と狭義同値であり，判別式が同じ簡約形式は有限個しかないからである．以下では狭義

同値類を単に**類**とよび，(a, b, c) が属する類を $[(a, b, c)]$ と記すことにする．

　ガウスは判別式が同じで GCD(a, b, c)，GCD$(a, 2b, c)$ が同じ2次形式は同じ目に属すると定義し，まず2次形式の大まかな分類を行った[*6]．同じ目に属する2次形式は有限個の同値類（類）に分かれている．

3.3　2元2次形式の種

　ガウスは類と目の間にある種（genus）という概念を導入した[*7]．種（genus，複数形は genera）はガウスの理論で重要な働きをするだけでなく，その後の2次形式の理論の進展できわめて重要な役割を果たしており，ジーゲルの理論の基礎をなす概念の一つであるので少し詳しく述べる．以下では議論を簡単にするために原始形式（すなわち GCD$(a, b, c) = 1$）の場合に話を限定する．原始形式 (a, b, c) に対して GCD$(a, 2b, c)$ は1または2である．GCD$(a, 2b, c) = 1$ のとき2次形式は**第一種原始形式**，GCD$(a, 2b, c) = 2$ のとき **第二種原始形式**と呼ぶことにする．

　種を定義するためにガウスはいくつかの重要な事実に着目

[*6] 目（ラテン語 ordo，英語 order）はリンネの分類を使った命名であると言われているが，同値類の類（class）はリンネの分類では綱と呼ばれ目より広い概念になっているが2次形式の場合は逆になっている．

[*7] 生物の分類では genus は属と訳され class や order より狭いが，2次形式の場合は類が一番狭く，いくつかの類が集まって種が構成され，いくつかの種が集まって目が構成されることになる．

する.

定理 3.3

　$f = (a, b, c)$ は判別式 D の原始形式とし, p は D を割る奇素数とする. 2 元 2 次形式 f で表現される数のうち p で割りきれないものはすべて p の平方剰余か平方非剰余のいずれかである.

証明　整数 g, g', h, h' に対して

$$m = ag^2 + 2bgh + ch^2,$$
$$m' = ag'^2 + 2bg'h' + ch'^2 \qquad (3.9)$$

とおくと, 簡単な計算から

$$mm' = \{agg' + 2b(gh' + hg') + chh'\}^2$$
$$- D(gh' - hg')^2 \qquad (3.10)$$

がなり立つことが分かる. 従って m, m' が p と互いに素であるとすると, mm' は法 p の平方剰余である. (3.3) より f で表現される p と素な任意の整数 m, m' は $\left(\dfrac{m}{p}\right) = \left(\dfrac{m'}{p}\right) = +1$ か $\left(\dfrac{m}{p}\right) = \left(\dfrac{m'}{p}\right) = -1$ の一方が常に成り立つ.　　　　[証明終]

■■ **補題 3.4** ■■■■■■■■■■■■■■■■■■■■■■

　原始形式 $f = (a, b, c)$ の判別式 D が $D \equiv 3 \pmod 4$ のとき f によって表現可能な奇数はすべて $\equiv 1 \pmod 4$ であるか, あるいはすべて $\equiv 3 \pmod 4$ のいずれかである.

証明　式 (3.9) で表される m, m' を考える．式 (3.10) より $mm' = s^2 - Dt^2$ (s, t は自然数) と書くことができる．D は奇数，m, m' も奇数であるので s と t の一方は偶数で，他方は奇数である．もし s が偶数であれば $s^2 \equiv 0 \pmod 4$，$t^2 \equiv 1 \pmod 4$ であり $mm' \equiv 1 \pmod 4$ が成り立つ．s が奇数の時も $s^2 \equiv 1 \pmod 4$ より $mm' \equiv 1 \pmod 4$ が成り立つ．従って m, m' は同時に $\equiv 1 \pmod 4$ であるか，同時に $\equiv 3 \pmod 4$ でなければならない．　　　　**[証明終]**

以下，判別式が偶数の場合を考察する．この場合 $\mathrm{GCD}(a, 2b, c) = 2$ であれば (a, b, c) は偶数しか表現できないので2次形式 $(ax^2 + 2bxy + cy^2)/2$ が表現する奇数を以下の議論では考察する必要があるが，面倒なので $\mathrm{GCD}(a, 2b, c) = 1$ の場合，すなわち第一種原始形式のみに限定して議論する．

■ 補題 3.5 ■

第一種原始形式 $f = (a, b, c)$ の判別式 D が $D \equiv 2 \pmod 8$ であれば f で表現可能な奇数はすべて $\equiv \pm 1 \pmod 8$ であるか，またはすべて $\equiv \pm 3 \pmod 8$ であるかのいずれかである

証明　式 (3.9) で表される奇数 m, m' を考える．(3.10) より $mm' = s^2 - Dt^2$ が成り立つような自然数 s, t が存在する．このとき s は奇数でなければならない．従って $s^2 \equiv 1 \pmod 8$ である．よって t が奇数であれば $mm' = -1 \pmod 8$．

t が偶数であれば $mm' \equiv 1 \ (\mathrm{mod}\, 8)$. すなわち $mm' \equiv \pm 1$ $(\mathrm{mod}\, 8)$. 従って $m = \pm 1$ であれば $m' \equiv \pm 1 \ (\mathrm{mod}\, 8)$, $m \equiv \pm 3$ $(\mathrm{mod}\, 8)$ であれば $m' \equiv \pm 3 \ (\mathrm{mod}\, 8)$. 　　　［証明終］

同様の議論によって次の補題も証明できる.

■ 補題 3.6 ■

第一種原始形式 $f = (a, b, c)$ の判別式 D が $D \equiv 6 \ (\mathrm{mod}\, 8)$ であれば f で表現可能な奇数は一部は $\equiv 1 \ (\mathrm{mod}\, 8)$ であり残りは $\equiv 3 \ (\mathrm{mod}\, 8)$ であるか, または一部は $\equiv 5 \ (\mathrm{mod}\, 8)$ であり残りは $\equiv 7 \ (\mathrm{mod}\, 8)$ であるかのいずれかである.

［証明］ f で表現される奇数 m, m' に対して $mm' = s^2 - Dt^2$ となる自然数 s, t が存在する.
従って $mm' = s^2 + 2t^2 \ (\mathrm{mod}\, 8)$ である. mm' が奇数であるので s は奇数. t が奇数であれば $mm' \equiv 3 \ (\mathrm{mod}\, 8)$, t が偶数であれば $m' \equiv 1 \ (\mathrm{mod}\, 8)$ である. 従って $m \equiv 1 \ (\mathrm{mod}\, 8)$ または $\equiv 3 \ (\mathrm{mod}\, 8)$ であれば $m' = 3 \ (\mathrm{mod}\, 8)$ または $\equiv 1 \ (\mathrm{mod}\, 8)$ であり, $m \equiv 5 \ (\mathrm{mod}\, 8)$ または $\equiv 7 \ (\mathrm{mod}\, 8)$ であれば $m' \equiv 7 \ (\mathrm{mod}\, 8)$ または $\equiv 5 \ (\mathrm{mod}\, 8)$ である. 　　　［証明終］

ところで, ガウスは命題としてあげてはいないが, $D \equiv 0 \ (\mathrm{mod}\, 4)$ の場合と $D \equiv 0 \ (\mathrm{mod}\, 8)$ の場合も考察しておく必要があることを述べている. ここでは補題として述べておこう. 証明は上と同様に簡単にできる.

■ **補題 3.7** ■■■■■■■■■■■■■■■■■■■■■■■■■■■

第一種原始形式 $f = (a, b, c)$ の判別式 D が $D \equiv 0 \pmod 4$ であれば f で表現可能な奇数はすべて $\equiv 1 \pmod 4$ であるかすべて $\equiv 3 \pmod 4$ のいずれかである.

■ **補題 3.8** ■■■■■■■■■■■■■■■■■■■■■■■■■■■

第一種原始形式 $f = (a, b, c)$ の判別式 D が $D \equiv 0 \pmod 8$ であれば f で表現可能な奇数はすべて $\equiv 1 \pmod 8$ であるか, すべて $\equiv 3 \pmod 8$ であるか, すべて $\equiv 5 \pmod 8$ あるか, すべて $\equiv 7 \pmod 8$ であるかの4通りのうちのいずれかである.

以上の補題は2元2次形式による数の表現に規則があることを暗示する. 例えば2次形式 $f = (10, 3, 17)$ の判別式 D は -161 であり, 17 を表現するが, $17 \equiv 1 \pmod 4$ であるので, 補題3.4より f は $4n+3$ の形の整数を表現できないことが分かる. また, 2次形式 $g = (3, 1, 5)$ の判別式は -14 であり, 3 を表現するので補題3.5より $8n+1$, $8n+7$ の形の数を g は表現できないことが分かる.

以上の準備のもとでガウスは原始形式に対してその指標を定義する. ガウスの表記法は複雑なのでここではディリクレ・デテキンント『数論講義』[*8] §122 に倣った表記法にし

[*8] Dirichlet & Dedekind: "Vorlesungen über Zahlentheorie", Braunschweig, 第4版, 1894, (邦訳 酒井孝一訳『ディリクレ・デデキント 整数論講義』共立, 1970.)

ておこう.

　$2D$ と共通因数を持たない, 第一種原始形式 f が表現する自然数 m を一つ選んで固定しておく. 判別式 D に現れる奇素数因子を $l_1, l_2, \cdots, l_\mu$ とすると定理 3.3 から指標

$$\left(\frac{m}{l_1}\right), \left(\frac{m}{l_2}\right), \cdots, \left(\frac{m}{l_\mu}\right),$$

が定義される. これは μ 個の ± 1 の列である. これを**主指標**とよぶ.

　さらに $D \equiv 3 \pmod 4$ の場合は補題 3.7 から指標

$$(-1)^{(m-1/2)}$$

が定義できる. この正負によって $\equiv 1 \pmod 4$ の場合と $\equiv 3 \pmod 4$ の場合が区別できるからである. 同様に $D \equiv 0 \pmod 4$ の場合も補題 3.4 より

$$(-1)^{(m-1/2)}$$

が指標として定義できる. $D \equiv 2 \pmod 8$ のときは補題 3.5 より

$$(-1)^{(m^2-1)/8}$$

が指標を与え, $D \equiv 6 \pmod 8$ の場合は補題 3.6 より

$$(-1)^{(m-1)/2} \cdot (-1)^{(m^2-1)/8} = (-1)^{(m-1)/2+(m^2-1)/8}$$

が指標を与える. $D \equiv 0 \pmod 8$ の場合は補題 3.8 より 4 組に分かれるので指標としては

$$(-1)^{(m-1)/2}, (-1)^{(m^2-1)/8}$$

の組を考える必要がある. これらの指標を**特殊指標**と呼び, 主指標と特殊指標をあわせて **全指標**, あるいは単に**指標**とよぶ. 指標は 2 次形式 f が表現する $2D$ と素な整数 m のとり方によらずに一意的に定まることを上の定理と補題が保証

している.

いずれにしても指標は ± 1 を並べたものになり, 判別式 D に現れる相異なる奇素数の個数を μ とすると, 全指標の個数 λ は $D \equiv 1 \pmod 4$ の場合は $\lambda = \mu$, $D \equiv 0 \pmod 8$ の場合は $\lambda = \mu + 2$, それ以外は $\lambda = \mu + 1$ である. 全指標の可能性は従ってそれぞれ 2^{λ} 通りが考えられるが, 実は可能性のある内の半分しか現れないことをガウスは証明している. そのことを証明するためもあって, ガウスは2元2次形式の合成の理論を構築し, さらに3元2次形式を考察した.

さて定義から明らかのように同じ類に属する2次形式の指標は同一である. そこでガウスは判別式 D をもつ同一の目に属する2次形式の指標が同じものは同じ種（genus）に属すると定義した.

同じ類に属すれば同じ種に属するが逆は成り立たない. 例えば前回考察した2次形式

$$x^2 + 55y^2$$
$$5x^2 + 11y^2$$

は異なる類に属している. 最初の2次形式 $(1, 0, 55)$ は 1 を表現するが, 2次形式 $(5, 0, 11)$ は 1 を表現することができないからである. この二つの2次形式の判別式 D は -55 であり 1 は 5 と 11 の平方剰余である. また $(5, 0, 11)$ は 31 を表現できるが, これは 5 と 11 の平方剰余である. 定理 3.3 よりこの二つの2次形式は指標 $(+1, +1)$ を持つ. また $D \equiv 1 \pmod 4$ であるので他に指標はない. 従ってこの二つの2次形式は同じ種に属している.

3.4　2 元 2 次形式の合成と第一種原始形式類群

　種に属する同値類の個数を調べることや平方剰余の相互
法則の新しい証明をするためにガウスは 2 元 2 次形式の合
成の理論を構築した．この理論の証明には多大の計算を要
する部分があるのでここでは要点のみを記すことにする．

　判別式が 0 でない 3 個の 2 元 2 次形式

$$f_i(x, y) = a_i x^2 + 2b_i xy + xy_i^2, \ i = 1, 2, 3$$

が与えられていて，双一次変換

$$\begin{cases} x_3 = p_1 x_1 x_2 + p_2 x_1 y_2 + p_3 y_1 x_2 + p_4 y_1 y_2 \\ y_3 = q_1 x_1 x_2 + q_2 x_1 y_2 + q_3 y_1 x_2 + q_4 y_1 y_2 \end{cases} \tag{3.11}$$

によって

$$f_3(x_3, y_3) = f_1(x_1, y_1) f_2(x_2, y_2)$$

が成り立ち，さらに

$$p_{\mu\nu} = \begin{vmatrix} p_\mu & p_\nu \\ q_\mu & q_\nu \end{vmatrix}, \ 1 \le \mu < \nu \le 3$$

の最大公約数が 1 のとき f_3 は f_1 と f_2 の**合成**であるといい

$$f_3 = f_1 \circ f_2$$

と記す．2 次形式 f_3 は双一次変換 (3.11) の取り方によっ
て変わってくるが，合成で得られる 2 次形式は狭義同値で
あることが証明できる．また 2 次形式 $g_i, i = 1, 2$ が f_i と
狭義同値であれば $f_3 = g_1 \circ g_2$ が成り立つような双一次変換
(3.11) を見出すことができる．

　ガウスはこの定義に基づいて合成の理論を展開しているが
膨大な計算が必要とする．ディリクレはガウスよりは考察の
対象を絞って議論の簡易化を行った（ディリクレ・デデキント

『数論講義』§146–149). ここではさらに場合を絞って, 一番重要な第一種原始形式の場合に限って述べることにする.

以下2元2次形式 (a,b,c) は第一種原始形式である, すなわち $\mathrm{GCD}(a,2b,c)=1$ と仮定する. 従って判別式 D を持つ2次形式の目は一つしかない. また, 判別式 D は平方数ではないと仮定しさらに $D<0$ のときは $a>0$ の場合（正定値の場合）のみを考える.

ガウスは合成の理論を使って判別式 D の第一種原始形式の同値類の全体, すなわち判別式が D である第一種原始形式がなす類の全体 $\mathcal{C}(D)$ にアーベル群の構造を導入した. そのことを以下駆け足で見てみたい.

同じ判別式 D を持つ原始2次形式 (a,b,c) と (a',b',c') は $\mathrm{GCD}(a,a',b+b')=1$ のとき **連結** しているとディリクレは定義した.

■ 補題 3.9 ■

(a,b,c) と $(a',b'c')$ は判別式 D を持つ連結した第一種原始形式とする. このとき次のことが成り立つ.

(1)
$$B \equiv b \pmod{a}, \; B \equiv b' \pmod{a'},$$
$$B^2 \equiv D \pmod{aa'}$$
(3.12)

を満たす整数 B が aa' を法として一意的に決まる.

(2) (1) を満たす B を任意に選びぶと2次形式 $(a,B,a'C)$ は (a,b,c) と, (a',B,aC) は (a',b',c') とそれぞれ狭義同値である. ここで C は $D=B^2-aa'C$ より決まる整数である.

(3) (aa', B, C) は判別式 D の第一種原始形式であり，$(a, B, a'C)$ と (a', B, aC) の合成である.

証明

(1) 行列

$$\begin{pmatrix} a & a' & b+b' \\ ab' & a'b & bb'+D \end{pmatrix}$$

の2次の小行列式

$$\begin{vmatrix} a & a' \\ ab' & a'b \end{vmatrix} = aa'(b-b'),$$

$$\begin{vmatrix} a' & b+b' \\ a'b & bb'+D \end{vmatrix} = a'(D-b^2),$$

$$\begin{vmatrix} a & b+b' \\ ab' & bb'+D \end{vmatrix} = a(D-b'^2)$$

は $D = b^2 - ac = b'^2 - a'c'$ よりすべて aa' で割り切れる. 記号を見やすくするために

$$p_1 = a,\ p_2 = a',\ p_3 = b+b',\ q_1 = ab',$$
$$q_2 = a'b,\ q_3 = bb'+D$$

とおくと，上の小行列式より

$$p_i q_j \equiv p_j q_i \pmod{aa'},\ i \neq j \qquad (3.13)$$

が成り立つ. 連結性の仮定より
GCD$(aa', p_1, p_2, p_3) = 1$ がなりたち

$$haa' + h_1 p_1 + h_2 p_2 + h_3 p_3 = 1$$

を満たす整数 h, h_j が存在する. そこで

$$B = q_1 h_1 + q_2 h_2 + q_3 h_3$$

とおくと, (3.13) より

$$p_i B = p_i \sum_{j=1}^{3} q_j h_j = \sum_{j=1}^{3} p_i q_j h_j$$

$$\equiv \sum_{j=1}^{3} p_j q_i h_j \equiv q_i \sum_{j=1}^{3} p_j h_j \equiv q_i \pmod{aa'}$$

が成り立つ．すなわち

$$aB \equiv ab' \pmod{aa'}, \quad a'B \equiv a'b \pmod{aa'},$$

$$(b+b')B \equiv bb' + D \pmod{aa'}$$

が成り立つ．従って

$$B \equiv b' \pmod{a'}, \quad B \equiv b \pmod{a}$$

が成立する．さらに3番目の合同式から

$$0 \equiv (B-b)(B-b') \equiv B^2 - (b+b')B + bb'$$

$$\equiv B^2 - D \pmod{aa'}$$

が成り立つ．また，このような B は aa' を法として一意的に決まる．

(2) (3.12) より $B \equiv b \pmod{a}$ であるので $B = b + ma$ となる整数 m が存在する．変数変換

$$u = x - my$$

$$v = y$$

によって $ax^2 + 2bxy + cy^2$ は $au^2 + 2Buv + c_1 v^2$ に変換される．変換された2次形式の判別式はもとの2次形式の判別式と同じ D である．従って $D = B^2 - ac_1$ であるが $D = B^2 - aa'C$ であったので $c_1 = a'C$ であることが分かる．すなわち (a', B, aC) は (a, b, c) と狭義同値である．同様に (a', B, aC) は (a', b', c') と狭義同値である．

（3）　$a, a', 2B$ の最大公約数を d とすると $B \equiv b \pmod{d}$, $B \equiv b' \pmod{d}$ より $b + b' \equiv 2B \equiv 0 \pmod{d}$ となり d は $a, a', b + b'$ の公約数となり $d = 1$ である．従って (aa', B, C) は第1種原始形式である．双一次変換

$$x_3 = x_1 x_2 - C y_1 y_2$$
$$y_3 = (a x_1 + B y_1) y_2 + (a' x_2 + B y_2) y_1$$

を考えると，簡単な計算から

$$(a x_1 + (B \pm \sqrt{D}) y_1)(a' x_2 + (B \pm \sqrt{D}) y_2)$$
$$= aa' x_3 + (B \pm \sqrt{D}) y_3,　（複号同順）$$

であることが分かる．また

$$(aa' x_3 + (B + \sqrt{D}) y_3)(aa' x_3 + (B - \sqrt{D}) y_3)$$
$$= aa'(aa' x_3^2 + 2B x_3 y_3 + C y_3^2)$$
$$(a x_1 + (B + \sqrt{D}) y_1)(a x_1 + (B - \sqrt{D}) y_1)$$
$$= a(a x_1^2 + 2B x_1 y_1 + a' C y_1^2)$$
$$(a' x_2 + (B + \sqrt{D}) y_2)(a' x_2 + (B - \sqrt{D}) y_2)$$
$$= a'(a' x_2^2 + 2B x_2 y_2 + a C y_2^2)$$

が成り立つ．さらに行列

$$\begin{pmatrix} 1 & 0 & 0 & -C \\ 0 & a & a' & 2B \end{pmatrix}$$

の2次の小行列式の最大公約数は1である．従って (aa', B, C) は $(a, B, a'C)$ と (a', B, aC) の合成である．

［証明終］

（3.12）より $2B \equiv b + b' \pmod{aa'}$ が成り立ち $\mathrm{GCD}(a, a', 2b)$ $= \mathrm{GCD}(a, a', b + b') = 1$ であるので $(a, B, a'C)$ と (a', B, aC) も連結している．

■ 補題 3.10 ■

(m, n, l) が (a, b, c) と狭義同値であり (m', n', l') が (a', b', c') と狭義同値であり，連結していると仮定する．(m, n, l) と (m', n', l') に対する補題 3.9 の B, C に対応する整数を N, L と記すと (mm', N, L) は (aa', B, C) と狭義同値である．

⎡証明⎤

$$\begin{cases} aa'x^2 + 2Bxy + Cy^2 = mm' \\ aa'x + (B+N)y \equiv 0 \pmod{mm'} \\ (B-N)x + Cy \equiv 0 \pmod{mm'} \end{cases} \quad (3.14)$$

が整数解 $(x, y) = (\alpha, \beta)$ を持つとき

$$\gamma = (aa'\alpha + (B-N)\beta)/mm',$$
$$\delta = ((B-N)\alpha + C\beta)/mm'$$

とおくと

$$\begin{pmatrix} \alpha & \gamma \\ \beta & \delta \end{pmatrix} \in SL(2, \mathbb{Z})$$

が (aa', B, C) から (mm', N, L) への変換を与える．(3.14) が正数解を持つことの証明は『整数論講義』§ 146 を参照されたい． ⎡証明終⎤

さらにもう一つ補題が必要である．

■ 補題 3.11 ■

判別式 D の第一種2元2次原始形式の二つの狭義同値類 K, K' に対して $(a, b, c) \in K$, $(a', b', c') \in K'$ となる連結した第一種原始形式を見つけることができる．

証明　　$(a,b,c)\in K$ を任意に選ぶと $a\neq 0$. $a=0$ であれば判別式は平方数となり仮定に反するからである。そこで $(a',b',c')\in K'$ を a' は a と素であるように取れば[*9],
$1=\mathrm{GCD}(a,a')=\mathrm{GCD}(a,a',b+b')$ となる。　　**[証明終]**

そこで判別式 D の第一種原始形式からなる類（狭義同値類）の全体を $\mathcal{C}(D)$ と記すことにする。ただし、$D<0$ のときは原始形式 (a,b,c) は $a>0$ のみを考える。従って $D<0$ のときは $\mathcal{C}(D)$ はすべての類からなる集合の半分になっていることに注意する。類 $K,K'\in\mathcal{C}(D)$ に対して補題3.11によって連結した原始形式 $(a,b,c)\in K$, $(a',b',c')\in K'$ をとり、補題3.9によって原始形式 (aa',B,C) を作る。(aa',B,C) が属する類を $[(aa',B,C)]$ と記し

$$KK'=[(aa',B,C)] \tag{3.15}$$

と K と K' の積を定義する。このとき補題3.9より $[(aa',B,C)]\in\mathcal{C}(D)$ である。また、この積が連結形式のとり方によらず一意的に決まることを補題3.10が保証して

[*9] このような (a',b',c') が存在することは次の様にして示される。a の素因数を $p_1,p_2,\cdots,p_s$ とする。K' から任意に (g,h,k) をとると $g\alpha_i^2+2h\alpha_i\beta_i+k\beta_i^2\not\equiv 0\ (\mathrm{mod}\,p_i)$ が成り立つように互いに素な整数 α_i,β_i を見つけることができる。すると中国の剰余定理によって互いに素な $\alpha\equiv\alpha_i\ (\mathrm{mod}\,p_i)$, $\beta\equiv\beta_i\ (\mathrm{mod}\,p_i)$, $i=1,\cdots,s$ が存在する。$\alpha\delta-\beta\gamma=1$ となる整数 γ,δ をとって (g,h,k) を $\begin{pmatrix}\alpha&\gamma\\\beta&\delta\end{pmatrix}$ で変換してできる2次形式を (a',b',c') とおくと $a'=g\alpha^2+2h\alpha\beta+k\beta^2\not\equiv 0\ (\mathrm{mod}\,p_i)$ が成り立つので a' は a と互いに素である。

いる．このように，判別式 D の第一種原始形式類の全体
$\mathcal{C}(D)$ に積が定義できた．原始形式 (aa', B, C) は (a, b, c) と
(a', b', c') の順序のよらず決まっているので

$$K'K = KK'$$

が成り立つ．すなわち積は可換である．

そこでこの積が結合法則を満たすことを示そう．ガウスは
もっと一般的に議論をしているので大変面倒な計算を必要
としたが，連結形式に限ったディリクレの議論では計算は
著しく簡単になっている．

■ **補題 3.12** ■■■■■■■■■■■■■■■■■■■■■

$K, K', K'' \in \mathcal{C}(D)$ に対して

$$(KK')K'' = K(K'K'')$$

が成り立つ．

証明 $(a, b, c) \in K$, $(a', b', c') \in K$ を連結した原始形式とす
る．このとき (a', b', c') と連結した原始形式 $(a'', b'', c'') \in K''$
を選ぶ．これは補題 3.11 の証明の注から可能である．この
とき

$$B \equiv b \pmod{a}, \ B \equiv b' \pmod{a'},$$
$$B \equiv b'' \pmod{a''}$$

を満たす整数 B が $aa'a''$ を法として一意的に決まる．この
ような B を一つ選ぶと

$$B^2 \equiv D \pmod{aa'a''}$$

が成り立つ．$D = B^2 - aa'a''C$ によって整数 C を決めると補
題 3.9 (2) の証明と同様に (a, b, c) と $(a, B, a'a''C)$, (a', b', c')

と $(a', B, aa''C)$, (a'', b'', c'') と $(a'', B, aa'C)$ はそれぞれ狭義
同値である. また補題 3.9 より

$$(aa', B, a''C) \in KK', \quad (a'a'', B, aC) \in K'K''$$

が成立する. 再び補題 3.9 より $(aa', B, a''C)$ と $(a'', B, aa'C)$
の合成は $(aa'a'', B, C)$ であり, $(a, B, a'a''C)$ と $(a'a'', B, aC)$
の合成も $(aa'a'', B, C)$ である. これは $(KK')K'' = K(K'K'')$
を意味する. 　　　　　　　　　　　　　　　　　　　 ［証明終］

この積によって $\mathcal{C}(D)$ はアーベル群になることを示そう.

■ **補題 3.13**（単位元の存在）■■■■■■■■■■■■■■

$(1, 0, -D)$ の属する類を E と記すと任意の類 $K \in \mathcal{C}(D)$ に
対して

$$KE = EK = K$$

が成立する. E を**主類**とよぶ.

[証明]　$(a, b, c) \in K$ を任意に選ぶと (a, b, c) と $(1, 0, -D)$
は連結している. このとき補題 3.9 の B として b を取るこ
とができ補題 3.9 の (aa', B, C) は (a, b, c) となる. 従って
$EK = KE = K$ が成り立つ. 　　　　　　　　　 ［証明終］

■ **補題 3.14**（逆元の存在）■■■■■■■■■■■■■■■

類 $K \in \mathcal{C}(D)$ に対して

$$KK' = E$$

となる同値類 $K' \in \mathcal{C}(D)$ が存在する. このとき $K = [(a, b, c)]$
に対して $K' = [(c, b, a)]$ である.

証明 $(a, b, c) \in K$ に対して (c, b, a) が属する類を K' と記すとこの二つの2次形式は連結している. このとき補題3.9の B として b をとることができ補題3.9の (aa', B, C) は $(ac, b, 1)$ となる. このとき $\begin{pmatrix} 0 & -1 \\ 1 & b \end{pmatrix}$ で定まる変数変換によって $(ac, b, 1)$ と $(1, 0, -D)$ は狭義同値になる. 従って $KK' = E$ が成立する. [**証明終**]

以上の議論によって $\mathcal{C}(D)$ は主類を単位元とするアーベル群をの構造を持つことが分かる. これを**第一種原始形式類群**とよぶ. $\mathcal{C}(D)$ の群の位数 h は判別式 D を持つ第一種原始形式の類数とよばれる. これは2次体の類数と深く関係している.

さて種を定義するときに使った指標の意味を考えてみよう. 同値類 K に属する2次形式 (a, b, c) の指標を ε は2次形式のとり方によらないので今後は同値類の指標とよぶことにし $\varepsilon(K)$ と記す. すると次の重要な事実が成立する.

定理 3.15

$$\varepsilon(KK') = \varepsilon(K)\varepsilon(K')$$

ただし右辺の積は成分毎の積とする. すなわち指標はアーベル群 $\mathcal{C}(D)$ から成分毎の乗法に関するアーベル群 $\{\pm 1\}^{\lambda}$ への群の準同型写像である.

証明 $2D$ と素な整数 $m(m')$ が $(a, b, c) \in K$ $((a', b', c') \in K')$

で表現されたとすると K の主指標は $\left(\left(\dfrac{m}{l_1}\right),\left(\dfrac{m}{l_2}\right),\cdots,\left(\dfrac{m}{l_s}\right)\right)$,
K' の主指標は $\left(\left(\dfrac{m'}{l_1}\right),\left(\dfrac{m'}{l_2}\right),\cdots,\left(\dfrac{m'}{l_s}\right)\right)$ である．ここで $l_1,l_2,\cdots,l_s$ は D の相異なる奇素因数のすべてである．このとき KK' に属する 2 次形式は mm' を表現することができる．このとき $\left(\dfrac{mm'}{l_i}\right)=\left(\dfrac{m}{l_i}\right)\left(\dfrac{m'}{l_i}\right)$ であるので主指標の積は KK' の主指標と一致する．また特殊指標に関しては m,m' が奇数であれば

$$(-1)^{(m-1)/2}\cdot(-1)^{(m'-1)/2}=(-1)^{(mm'-1)/2}$$
$$(-1)^{(m^2-1)/8}\cdot(-1)^{(m'^2-1)/8}=(-1)^{(mm'^2-1)/8}$$

が成り立つので定理が証明された．　　　　　　　　　　　［証明終］

　さて $(1,0,-D)$ の属する同値類を主類と呼んだが，主類が属する種を**主種**とよぶ．主類に属する 2 次形式は 1 を表現するのですべての指標は 1 である，従って主種は全指標が 1 である種と定義することができる．主種を H と記すと H に属する同値類は積に関して閉じている．よって H は $\mathcal{C}(D)$ の部分群である．剰余群 $\mathcal{C}(D)/H$ の各剰余類は一つの種に属する同値類の全体になっている．従って次の定理が成立することが分かる．

定理 3.16

一つの目に属する種は同じ個数の同値類を含む．

　同様に

$$Q = \{ K^2 \mid K \in \mathcal{C}(D) \}$$

も $\mathcal{C}(D)$ の部分群になっており $Q \subset H$ である．そこで群の準同型写像

$$\varphi : \mathcal{C}(D) \longrightarrow \mathbf{Q} \subset \mathbf{H}$$

$$K \longmapsto K^2$$

を考え $\mathbf{A} = \operatorname{Ker} \varphi$ とおくと

$$\mathcal{C}(D)/\mathbf{A} \simeq \mathbf{Q} \subset \mathbf{H}.$$

ところで原始形式 (a, b, c) は行列式 -1 の $GL(2, \mathbb{Z})$ の元による変数変換で自分自身に移るとき，両面形式あるいはアンビグ形式とよんだ．両面形式を含む類を**両面類**とよぶ．両面形式 (a, b, c) は行列式 -1 の $\begin{pmatrix} \alpha & \gamma \\ \beta & \delta \end{pmatrix} \in GL(2, \mathbb{Z})$ によって自分自身に移ったとすると $\begin{pmatrix} \beta & \delta \\ \alpha & \gamma \end{pmatrix} \in SL(2, \mathbb{Z})$ によって (c, b, a) は (a, b, c) に移り $[(c, b, a)] = [(a, b, c)]$ ．一方，補題 3.14 によって $[(a, b, c)]^{-1} = [(c, b, a)]$ であるので $[(a, b, c)]^2 = E$ となり $[(a, b, c)] \in \mathbf{A}$ が成立する．実はこの逆も成り立つ．

定理 3.17

$\mathbf{A} = \operatorname{Ker} \varphi$ は両面類の全体と一致する．

証明　$A = [(a, b, c)] \in \mathbf{A}$ であれば $A^{-1} = [(c, b, a)] = A = [(a, b, c)]$. $\begin{pmatrix} \alpha & \gamma \\ \beta & \delta \end{pmatrix} \in SL(2, \mathbb{Z})$ によって (c, b, a) が (a, b, c) に

移ったとすると行列式 -1 の $\begin{pmatrix} \beta & \delta \\ \alpha & \gamma \end{pmatrix}$ によって (a, b, c) は自分自身に移り，従って A は両面類である．　　　　**［証明終］**

ガウスは $\mathbf{Q} = \mathbf{H}$ であることを証明し，$\mathbf{A}$ の位数を計算し，指標の構造を明らかにした．

4．3元2次形式

主種に属する2次形式の類からなる集合 $\mathbf{H}$ は指標で与えられる群の準同型写像の核であるので第一種原始形式類群 $\mathcal{C}(D)$ の部分群である（定理3.5）．また2乗写像の像 $\mathbf{Q} = \{K^2 \,|\, K \in \mathcal{C}(D)\}$ は $\mathbf{H}$ の部分群でもある．ガウスは3元2次形式を使って $\mathbf{Q} = \mathbf{H}$ を『数論研究』の中で証明している．ガウスの3元2次形式論は2次形式の理論の発展に大きく寄与した．これらの考察を簡単に見ておこう．

4.1　随伴形式

ガウスは3元2次形式
$$f = ax^2 + a'x'^2 + a''x''^2 + 2bx'x'' + 2b'xx'' + 2b''xx'$$
を
$$f = \begin{pmatrix} a & a' & a'' \\ b & b' & b'' \end{pmatrix}$$
と表した．ここで a, a', a'', b, b', b'' はすべて整数である．行列表示を使えば

$$(x \ \ x' \ \ x'') \begin{pmatrix} a & b'' & b' \\ b'' & a' & b \\ b' & b & a'' \end{pmatrix} \begin{pmatrix} x \\ x' \\ x'' \end{pmatrix}$$

と表示できる．そこで3元2次形式

$f = \begin{pmatrix} a & a' & a'' \\ b & b' & b'' \end{pmatrix}$ に対して対応する3次対称行列を

$$(f) = \begin{pmatrix} a & b'' & b' \\ b'' & a' & b \\ b' & b & a'' \end{pmatrix}$$

と略記することにする．

$$\Delta = - \begin{vmatrix} a & b'' & b' \\ b'' & a' & b \\ b' & b & a'' \end{vmatrix}$$

を3元形式 f の**判別式**とよぶ．ところで正方行列 $M = (a_{kl})$

の (k, l) 成分の余因子 Δ_{kl} は M の k 行 l 列を除いてできる

小行列式に $(-1)^{k+l}$ を掛けたもの

$$\Delta_{kl} = (-1)^{k+l} \det(a_{ij})_{i \neq k, j \neq l}$$

と定義した．ガウスは3元形式

$f = \begin{pmatrix} a & a' & a'' \\ b & b' & b'' \end{pmatrix}$ の**随伴形式** $F = \begin{pmatrix} A & A' & A'' \\ B & B' & B'' \end{pmatrix}$

を

$$A = -\Delta_{11} = -\begin{vmatrix} a' & b \\ b & a'' \end{vmatrix},$$

$$A' = -\Delta_{22} = -\begin{vmatrix} a & b' \\ b' & a'' \end{vmatrix},$$

$$A'' = -\Delta_{33} = -\begin{vmatrix} a & b'' \\ b'' & a' \end{vmatrix},$$

$$B = -\Delta_{23} = -\Delta_{32} = \begin{vmatrix} a & b'' \\ b' & b \end{vmatrix},$$

$$B' = -\Delta_{13} = -\Delta_{31} = \begin{vmatrix} b'' & a' \\ b' & b \end{vmatrix},$$

$$B'' = -\Delta_{12} = -\Delta_{21} = \begin{vmatrix} b'' & b \\ b' & a'' \end{vmatrix}$$

で定義する．これは

$$(F) = -\begin{pmatrix} \Delta_{11} & \Delta_{21} & \Delta_{31} \\ \Delta_{12} & \Delta_{22} & \Delta_{32} \\ \Delta_{13} & \Delta_{23} & \Delta_{33} \end{pmatrix} = \Delta \cdot (f)^{-1} \tag{4.1}$$

と書くこともできる．これより随伴形式の判別式は f の判別式が Δ であれば Δ^2 であることが分かる．また F の随伴形式は

$$\begin{pmatrix} a\Delta & a'\Delta & a''\Delta \\ b\Delta & b'\Delta & b''\Delta \end{pmatrix} = \Delta \begin{pmatrix} a & a' & a'' \\ b & b' & b'' \end{pmatrix}$$

であることも分かる．3 元 2 次形式を考えるときには 3 次の対称行列だけでなくその対称行列の 2 次の小行列を考える必要性を見出した点にもガウスの天才的な洞察が光っている．一般の n 元 2 次形式の場合は対応する n 次対称行列の $(n-1)$ 次以下の小行列式を考える必要があることをガウスの考察は示唆していた．

　3 元 2 次形式の場合も整数係数の変数変換による同値関係が重要である．3 次の行列の場合は $\det M = -1$ であれば

$\det(-M)=1$ であり，M と $-M$ による変数変換によって 3 元 2 次形式 $f=\begin{pmatrix} a & a' & a'' \\ b & b' & b'' \end{pmatrix}$ は同一の 3 元 2 次形式に変換される，すなわち

$$^tM(f)M = {}^t(-M)(f)(-M)$$

であるので 3 元 2 次形式の場合は広義同値を考える必要がない．$GL(3,\mathbb{Z})$ による同値関係の同値類を 2 元 2 次形式の場合と同様に類といい，$f=\begin{pmatrix} a & a' & a'' \\ b & b' & b'' \end{pmatrix}$ が属する類を $[f]$ あるいは $\left[\begin{pmatrix} a & a' & a'' \\ b & b' & b'' \end{pmatrix}\right]$ と記すことにする．3 元 2 次形式 f と g が同じ類に属する，言い換えると $M \in GL(3,\mathbb{Z})$ による変数変換によって f が g に移る，すなわち $(g) = {}^tM(f)M$ が成り立てば

$$(g)^{-1} = M^{-1}(f)^{-1}{}^tM^{-1}$$

が成り立つので (4.1) より f の随伴形式 F は $^tM^{-1}$ による変数変換によって g の随伴形式 G に移り，F と G は同値となる．

4.2　3 元 2 次形式の簡約化

　3 元 2 次形式の場合も重要なのは簡約化，すなわち同じ類の中でできるだけ簡単な形式を見出すことである．ガウスの議論は判別式 Δ を持つ 3 元 2 次形式の類は有限個であることを示すことに重点が置かれ不充分なため，その後の理論の進展を待つ必要があった．

　3 元 2 次形式 $f=\begin{pmatrix} a & a' & a'' \\ b & b' & b'' \end{pmatrix}$ と随伴形式 $F=\begin{pmatrix} A & A' & A'' \\ B & B' & B'' \end{pmatrix}$ を $GL(3,\mathbb{Z})$ の元による変換によってできるだけ簡単な形に

変換することを考える．ガウスは 2 元 2 次形式の議論に倣って，先ず

$$S_1 = \begin{pmatrix} \alpha & \beta & 0 \\ \alpha' & \beta' & 0 \\ 0 & 0 & 1 \end{pmatrix}, \quad \begin{pmatrix} \alpha & \beta \\ \alpha' & \beta' \end{pmatrix} \in GL(2,\mathbb{Z})$$

の形による変換を何度か施すことによって，2 元 2 次形式の場合と同様に

$$|a| \leqq \sqrt{4|A''|/3} \qquad (4.2)$$

が成り立つようにできることを示す（A'' は 2 元 2 次形式 (a, b'', a') の判別式であることに注意）．（4.2）を満たす 3 元 2 次形式 f に対して変換

$$S_2 = \begin{pmatrix} 1 & 0 & 0 \\ 0 & \beta' & \gamma' \\ 0 & \beta'' & \gamma'' \end{pmatrix}, \quad \begin{pmatrix} \beta' & \gamma' \\ \beta'' & \gamma'' \end{pmatrix} \in GL(2,\mathbb{Z})$$

を何度か適用することによって

$$|A''| \leqq \sqrt{4|\Delta||a|/3} \qquad (4.3)$$

を得る．（4.2）と（4.3）によって $a = A'' = 0$ であるか $aA'' \neq 0$ のいずれかが成り立つことが分かる．$a = A'' = 0$ のときは $A'' = b''^2 - aa'$ より $b'' = 0$ も成り立つ．さらに（4.2）と（4.3）を満たす 3 元 2 次形式 f, F に対して

$$T = \begin{pmatrix} 1 & \beta & \gamma \\ 0 & 1 & \gamma' \\ 0 & 0 & 1 \end{pmatrix} \in SL(3,\mathbb{Z})$$

を適用することによって次の定理が証明できる．

> **定理 4.1**　判別式 $\Delta \neq 0$ の 3 元 2 次形式の各類の中には次の条件を満たす 2 次形式 $f = \begin{pmatrix} a & a' & a'' \\ b & b' & b'' \end{pmatrix}$ が存在する．ここで f の随伴形式を $F = \begin{pmatrix} A & A' & A'' \\ B & B' & B'' \end{pmatrix}$ とする．
>
> （I）$a = A'' = 0$ のとき
> $$b'' = 0,\ |b| \leq \mathrm{GCD}(a', b')/2,$$
> $$|a''| \leq |b'|,\ \Delta = a'b'^2$$
> が成り立つ．
>
> （II）$aA'' \neq 0$ のとき
> $$|a| \leq \sqrt{4|A''|/3},\ |b''| \leq |a|/2$$
> $$|A''| \leq \sqrt{4|\Delta a|/3},\ |B| \leq |A''|/2,$$
> $$|B'| \leq |A''|/2$$
> が成り立つ．また，これより
> $$|a| \leq \frac{4}{3}\sqrt[3]{|\Delta|},\ |A''| \leq \frac{4}{3}\sqrt[3]{\Delta^2}$$
> が成り立つ．

この定理を使ってガウスは次の定理を証明した．

> **定理 4.2**　判別式 $\Delta \neq 0$ の 3 元 2 次形式の類数は有限である．

4.3　3元2次形式による整数および2元2次形式の表現

■ 補題 4.3 ■

すべては 0 ではない整数 a, a', a'' に対して

$$\begin{vmatrix} A' & A'' \\ B' & B'' \end{vmatrix} = a, \quad \begin{vmatrix} A'' & A \\ B'' & B \end{vmatrix} = a', \quad \begin{vmatrix} A & A' \\ B & B' \end{vmatrix} = a''$$

を満たす整数を成分とする 2 行 3 列の行列

$$\begin{pmatrix} A & A' & A'' \\ B & B' & B'' \end{pmatrix}$$

が存在する.

証明　$\mathrm{GCD}(a, a', a'') = \alpha \geqq 1$ に対して

$$Aa + a'A' + a''A'' = \alpha$$

を満たす整数 A, A', A'' を選ぶ. そこで整数 E, E', E'' を

$$\begin{vmatrix} E' & E'' \\ A' & A'' \end{vmatrix} = b, \quad \begin{vmatrix} E'' & E \\ A'' & A \end{vmatrix} = b', \quad \begin{vmatrix} E & E' \\ A & A' \end{vmatrix} = b''$$

とおくとき $(b, b', b'') \neq (0, 0, 0)$ かつ (a, a', a'') の有理数倍でないように選ぶ. そこで $\mathrm{GCD}(b, b', b'') = \beta \geqq 1$ を取り

$$Fb + F'b' + F''b'' = \beta$$

なる整数 F, F', F'' を選ぶ. さらに整数 C, C', C'' を

$$\begin{vmatrix} a' & a'' \\ b' & b'' \end{vmatrix} = \alpha\beta C, \quad \begin{vmatrix} a'' & a \\ b'' & b \end{vmatrix} = \alpha\beta C',$$

$$\begin{vmatrix} a & a' \\ b & b' \end{vmatrix} = \alpha\beta C'' \tag{4.4}$$

で定義すると (b, b', b'') が (a, a', a'') の有理数倍でないことより $(C, C', C'') \neq (0, 0, 0)$ となる. そこで整数 c, c', c'' を

$$cC + c'C' + c''C'' \neq 0$$

が成り立つように選びこの数を γ と記す.

$$M = \begin{pmatrix} A & A' & A'' \\ F & F' & F'' \\ C & C' & C'' \end{pmatrix}, \quad N = \begin{pmatrix} a & b & c \\ a' & b' & c' \\ a'' & b'' & c'' \end{pmatrix}$$

とおくと

$$MN = \begin{pmatrix} \alpha & 0 & * \\ h & \beta & * \\ 0 & 0 & \gamma \end{pmatrix}$$

が成り立つ．ここで $h = aF + a'F' + a''F''$ とおいた．そこで

$$B = \alpha F - hA, \ B' = \alpha F' - hA',$$

$$B'' = \alpha F'' - hA''$$

$$\hat{M} = \begin{pmatrix} A & A' & A'' \\ B & B' & B'' \\ C & C' & C'' \end{pmatrix}$$

とおくと

$$\hat{M}N = \begin{pmatrix} \alpha & 0 & * \\ 0 & \alpha\beta & * \\ 0 & 0 & \gamma \end{pmatrix} \tag{4.5}$$

が成り立つ．また (4.4) より

$$\det N = \alpha\beta(cC + c'C' + c''C'') = \alpha\beta\gamma$$

が成り立つので (4.5) より

$$\det \hat{M} = \alpha$$

が成り立つ．従って再び (4.5) より

$$N = \hat{M}^{-1} \begin{pmatrix} \alpha & 0 & * \\ 0 & a\beta & * \\ 0 & 0 & \gamma \end{pmatrix} = \begin{pmatrix} \begin{vmatrix} B' & B'' \\ C' & C'' \end{vmatrix} & \\ \begin{vmatrix} B'' & B' \\ C'' & C' \end{vmatrix} & ** \\ \begin{vmatrix} B & B' \\ C & C' \end{vmatrix} & \end{pmatrix}$$

が成り立ち

$$\begin{pmatrix} B & B' & B'' \\ C & C' & C'' \end{pmatrix}$$

は補題の条件を満足する． [証明終]

　ガウスは 3 元 2 次形式を使って数を表現することと 2 元 2 次形式を表現することの間に密接な関係を見出した．3 元 2 次形式

$$f(x, x', x'') = ax^2 + a'x'^2 + a''x''^2 + 2bx'x'' + 2b'xx'' + 2b''xx'$$

の変数 (x, x', x'') に対して

$$(x, x', x'') = (t, u)\begin{pmatrix} m & m' & m'' \\ n & n' & n'' \end{pmatrix} \qquad (4.6)$$

を代入することによって 2 元 2 次形式 $a_0 t^2 + 2b_0 tu + c_0 u^2$ が得られたとする．すなわち

$$M = \begin{pmatrix} m & m' & m'' \\ n & n' & n'' \end{pmatrix}$$

と記すと

$$\begin{pmatrix} a_0 & b_0 \\ b_0 & c_0 \end{pmatrix} = M(f)\,{}^t M$$

とする．2 行 3 列の行列 $M = (m_{ij})$ と 3 行 2 列の行列 $S = (s_{kl})$ に対して

$$\det(MS) = \sum_{j<k} \begin{vmatrix} m_{ij} & m_{1k} \\ m_{2j} & m_{2k} \end{vmatrix} \begin{vmatrix} s_{j1} & s_{2j} \\ s_{k1} & s_{k2} \end{vmatrix}$$

となるので 2 元 2 次形式 (a_0, b_0, c_0) の判別式 D は

$$D = -\det M(f)\,{}^t M = (L, L', L'')(F)\begin{pmatrix} L \\ L' \\ L'' \end{pmatrix}$$

であることが分かる．ここで (F) は 3 元 2 次形式 f の随伴形式 F を与える 3 次対称行列であり，

$$L = \begin{vmatrix} m' & m'' \\ n' & n'' \end{vmatrix},\ L' = \begin{vmatrix} m'' & m \\ n'' & n \end{vmatrix},$$
$$L'' = \begin{vmatrix} m & m' \\ n & n' \end{vmatrix}, \qquad (4.7)$$

である．従って次の補題が証明された．

■ **補題 4.4** ■

3元2次形式 f を変数変換 (4.6) によって2元2次形式 $\varphi = (a_0, b_0, c_0)$ が表現できたとすると2元2次形式 φ の判別式 D は f の随伴形式 F によって表現される．

上の (4.7) で $\mathrm{GCD}(L, L', L'') = 1$ のとき3元2次形式の (4.6) による2元2次形式 φ の表現は**固有**である，あるいは固有表現であるといい，固有でないとき非固有という．

上の補題 4.4 の逆が成り立つ．

■ **補題 4.5** ■

整数 D が3元2次形式 f の随伴形式 F で表現されれば f で表現される判別式 D をもつ2元2次形式が存在する．

証明 $D = F(L, L', L'')$ とする．補題 4.3 より

$$\begin{vmatrix} m' & m'' \\ n' & n'' \end{vmatrix} = L, \quad \begin{vmatrix} m'' & m \\ n'' & n \end{vmatrix} = L',$$

$$\begin{vmatrix} m & m' \\ n & n' \end{vmatrix} = L''$$

が成り立つような2行3列整数行列

$$M = \begin{pmatrix} m & m' & m'' \\ n & n' & n'' \end{pmatrix}$$

が存在する．このとき

$$(x, x', x'') = (t, u)M$$

を $f(x, x', x'')$ に代入してできる2元2次形式の判別式は D である． **[証明終]**

さらに次の補題が成り立つ.

■ **補題 4.6** ■■■■■■■■■■■■■■■■■■■■■■■■■■■■■

　2元2次形式 φ と χ が狭義または広義同値であり，φ が3元2次形式 f によって表現されれば χ も f で表現される.

[証明]　φ と χ に対応する2次対称行列を (φ), (χ) と書くことにすると $(\chi) = {}^tS(\varphi)S$ となる2次整数行列 $S \in SL(2, \mathbb{Z})$ または $S \in GL(2, \mathbb{Z})$ が存在する. φ が f から変数変換

$$(x, x', x'') = (t, u)\begin{pmatrix} m & m' & m'' \\ n & n' & n'' \end{pmatrix}$$

で得られたとすると χ は変数変換

$$(x, x', x'') = (t, u)\,{}^tS\begin{pmatrix} m & m' & m'' \\ n & n' & n'' \end{pmatrix}$$

によって得られる.　　　　　　　　　　　　　　　　　[証明終]

　この逆も成り立つ.

■ **補題 4.7** ■■■■■■■■■■■■■■■■■■■■■■■■■■■■■

　判別式 D の2元2次形式 φ と χ が共に3元2次形式 f によって表現され，D は f の随伴形式 F の同じ固有表現であれば φ と χ は狭義同値である.

[証明]　φ は f から変数変換

$$(x, x', x'') = (t, u)\begin{pmatrix} m & m' & m'' \\ n & n' & n'' \end{pmatrix}$$

で χ は f から変数変換

$$(x, x', x'') = (t, u)\begin{pmatrix} g & g' & g'' \\ h & h' & h'' \end{pmatrix}$$

によって表現されたとする. 仮定より

$$L = \begin{vmatrix} m' & m'' \\ n' & n'' \end{vmatrix} = \begin{vmatrix} g' & g'' \\ h' & h'' \end{vmatrix}$$

$$L' = \begin{vmatrix} m'' & m \\ n'' & n \end{vmatrix} = \begin{vmatrix} g'' & g \\ h'' & h \end{vmatrix}$$

$$L'' = \begin{vmatrix} m & m' \\ n & n' \end{vmatrix} = \begin{vmatrix} g & g' \\ h & h' \end{vmatrix}$$

が成り立ち, さらに $\mathrm{GCD}(L, L', L'') = 1$ が成立する. そこで $lL + l'L' + l''L'' = 1$ となる整数 l, l', l'' を一つ選ぶと

$$\begin{vmatrix} m & m' & m'' \\ n & n' & n'' \\ l & l' & l'' \end{vmatrix} = \begin{vmatrix} g & g' & g'' \\ h & h' & h'' \\ l & l' & l'' \end{vmatrix} = 1 \qquad (4.8)$$

が成立する. さらに

$$M = \begin{vmatrix} m' & n'' \\ l' & l'' \end{vmatrix}, \quad M' = -\begin{vmatrix} n & n'' \\ l & l'' \end{vmatrix},$$

$$M'' = \begin{vmatrix} n & n' \\ l & l' \end{vmatrix}, \quad N = -\begin{vmatrix} m' & m'' \\ l' & l'' \end{vmatrix},$$

$$N' = \begin{vmatrix} m & m'' \\ l & l'' \end{vmatrix}, \quad N'' = -\begin{vmatrix} m & m' \\ l & l' \end{vmatrix}$$

とおくと (4.8) より

$$\begin{pmatrix} m & m' & m'' \\ n & n' & n'' \\ l & l' & l'' \end{pmatrix}^{-1} = \begin{pmatrix} M & N & L \\ M' & N' & L' \\ M'' & N'' & L'' \end{pmatrix} \qquad (4.9)$$

が成り立つ. また $\alpha, \beta, \gamma, \delta$ を

$$\begin{pmatrix} g & g' & g'' \\ h & h' & h'' \\ l & l' & l'' \end{pmatrix}\begin{pmatrix} M & N & L \\ M' & N' & L' \\ M'' & N'' & L'' \end{pmatrix} = \begin{pmatrix} \alpha & \beta & 0 \\ \gamma & \delta & 0 \\ 0 & 0 & 1 \end{pmatrix}$$

で定義すると (4.9) より

$$\begin{pmatrix} \alpha & \beta \\ \gamma & \gamma \end{pmatrix} \in SL(2, \mathbb{Z})$$

が成り立つことが分かる. また

$$\begin{pmatrix} \alpha & \beta \\ \gamma & \delta \end{pmatrix}\begin{pmatrix} m & m' & m'' \\ n & n' & n'' \end{pmatrix} = \begin{pmatrix} g & g' & g'' \\ h & h' & h'' \end{pmatrix}$$

が成り立つので φ と χ は行列 $\begin{pmatrix} \alpha & \beta \\ \gamma & \gamma \end{pmatrix}$ によって同値となる.

[証明終]

以上の準備のもとに次の定理を証明することができる.

定理 4.8 判別式 D の2元2次形式 $\varphi = (p, q, r)$ が判別式 Δ の3元2次形式 f によって固有に表現されると

$$B^2 \equiv \Delta p, \ BB' \equiv -\Delta q, \ B'^2 \equiv \Delta r \ (\mathrm{mod}\, D) \qquad (4.10)$$

となる整数 B, B' が存在する. さらに D と Δ が互いに素であれば逆も成立する.

[証明]　$\varphi = (p, q, r)$ が f から変数変換

$$(x, x', x'') = (t, u)\begin{pmatrix} m & m' & m'' \\ n & n' & n'' \end{pmatrix}$$

によって表現されたとする. φ, f に対応する対称行列を $(f), (\varphi)$ と記すと

$$(\varphi) = \begin{pmatrix} m & m' & m'' \\ n & n' & n'' \end{pmatrix} (f) \,{}^t\!\begin{pmatrix} m & m' & m'' \\ n & n' & n'' \end{pmatrix}$$

が成り立つ. 整数 l, l', l'' を

$$l\begin{vmatrix} m' & m'' \\ n' & n'' \end{vmatrix} - l'\begin{vmatrix} m & m'' \\ n & n'' \end{vmatrix} + l''\begin{vmatrix} m & m' \\ n & n' \end{vmatrix} = 1$$

が成り立つように選び

$$S = \begin{pmatrix} m & m' & m'' \\ n & n' & n'' \\ l & l' & l'' \end{pmatrix}$$

とおくと $\det S = 1$ であり対称行列 $S(f)\,^t S$ が定義する 3 元 2 次形式 $g = \begin{pmatrix} a & a' & a'' \\ b & b' & b'' \end{pmatrix}$ は f と同値である. ここで $a = p$, $b'' = q$, $a' = r$ である. g に随伴する 3 元 2 次形式を $G = \begin{pmatrix} A & A' & A'' \\ B & B' & B'' \end{pmatrix}$ とすると $A'' = D$ である. $\Delta = -\det(g)$, $\det(G) = -\Delta^2$ および (4.1) から得られる $(g) = \Delta(G)^{-1}$ より

$$\Delta a = \Delta p = -\begin{vmatrix} A' & B \\ B & A'' \end{vmatrix} = B^2 - A'A''$$

$$\Delta b'' = \Delta q = \begin{vmatrix} B'' & B \\ B' & A'' \end{vmatrix} = A''B'' - BB'$$

$$\Delta a' = \Delta r = -\begin{vmatrix} A & B' \\ B' & A'' \end{vmatrix} = B'^2 - AA''$$

が成り立つ. $A'' = D$ であったので (4.10) が成り立つ. なお l, l', l'' の選び方は無数にあるがどれを選んでも B, B' は D を法として合同であるか $-B, -B'$ と合同であるので, (4.10) は常に成り立つことが分かる.

逆に判別式 D をもつ 2 元 2 次形式 $\varphi = (p, q, r)$ と整数 B, B' が与えられて (4.10) が成立したと仮定する. $A'' = D$ とおくと (4.10) より

$$\begin{cases} A'D = B^2 - \Delta p \\ DB'' = BB' + \Delta q \\ AD = B'^2 - \Delta r \end{cases} \tag{4.11}$$

が成り立つように整数 A, A', B'' が決まり，3 元 2 次形式

$$F = \begin{pmatrix} A & A' & A'' \\ B & B' & B'' \end{pmatrix}$$ が定まる．この 3 元 2 次形式の判別式は

Δ^2 であることが簡単な計算で示される．そこで Δ と D が

互いに素であれば F を随伴形式とし φ を表現する判別式 Δ

の 3 元 2 次形式 $f = \begin{pmatrix} a & a' & a'' \\ b & b' & b'' \end{pmatrix}$ が存在することを示す．F

の随伴形式を $\begin{pmatrix} \alpha & \alpha' & \alpha'' \\ \beta & \beta' & \beta'' \end{pmatrix}$ とおくと

$$\alpha = -\begin{vmatrix} A' & B \\ B & A'' \end{vmatrix} = \Delta p, \; \alpha' = -\begin{vmatrix} A & B' \\ B' & A'' \end{vmatrix} = \Delta r,$$

$$B'' = \begin{vmatrix} B'' & B \\ B' & A'' \end{vmatrix} = \Delta q,$$

また（4.11）より

$$D\beta = D \begin{vmatrix} A & B'' \\ B' & B \end{vmatrix} = (AD)B - (B''D)B'$$

$$= (\Delta r - B'^2)B - (BB' + \Delta q)B'$$

$$= \Delta(Br - B'q) \equiv 0 \pmod{\Delta}$$

が成り立ち，D と Δ が互いに素であるので $\beta \equiv 0 \pmod{\Delta}$ で

ある．同様に $\beta' \equiv 0 \pmod{\Delta}$, $\alpha'' \equiv 0 \pmod{\Delta}$ を示すことが

できる．そこで

$$\beta = \Delta b, \; \beta' = \Delta b', \; \alpha'' = \Delta a''$$

とおくと 3 元 2 次形式 $f = \begin{pmatrix} p & r & a'' \\ b & b' & q \end{pmatrix}$ の判別式は Δ であ

り，f の随伴形式は F であることが分かる．また変数変換

$x = u, \; x' = t, \; x'' = 0$ によって f は 2 元 2 次形式 φ を表現す

る．　　　　　　　　　　　　　　　　　　　　　　　　　[証明終]

次は冒頭に述べた主種に属する 2 元 2 次形式の類からなる群 **H** の特徴づけであるガウスの大定理について述べる.

5．ガウスの大定理

3 元 2 次形式を使って主種に属する第一種 2 元 2 次原始形式の類は両面類である，定理 3.7 を使えば **H** ＝ **A** であることをガウスに従って証明してみよう. この定理をディリクレはガウスの大定理と呼んだ.

<table>
<tr><td>**定理 5.1**</td><td>**H** ＝ **A**</td></tr>
</table>

5.1 判別式 1 の 3 元 2 次形式の同値類

前回の §4.2 の 3 元 2 次形式の簡約化の議論を使って判別式が 1 の 3 元 2 次形式の類を求めてみよう. 判別式 1 の 3 元 2 次形式 $f = \begin{pmatrix} a & a' & a'' \\ b & b' & b'' \end{pmatrix}$ とその随伴形式 $F = \begin{pmatrix} A & A' & A'' \\ B & B' & B'' \end{pmatrix}$ は定理 4.1 より $a = A'' = 0$ のときは $b'' = 0$, $a' = 1$, $b' = \pm 1$, $b = 0$, $|a''| \le 1$ より

$$\begin{pmatrix} 0 & 1 & 0 \\ 0 & \pm 1 & 0 \end{pmatrix}, \begin{pmatrix} 0 & 1 & 1 \\ 0 & \pm 1 & 0 \end{pmatrix}, \begin{pmatrix} 0 & 1 & -1 \\ 0 & \pm 1 & 0 \end{pmatrix}, \quad (5.1)$$

の形に簡約化される.

一方 $aA'' \ne 0$ であれば定理 4.1 より $a = \pm 1$, $A'' = \pm 1$, $b'' = 0$, $B = ab - b'b'' = 0$, $B' = a'b' - bb'' = 0$ であり $ab = 0$,

$a'b' = 0$ を得る．$a \neq 0$ より $b = 0$ である．また $\det(f) = -1$
$= aa'a'' - a'b'^2 = aa'a''$ より $a' \neq 0$ であることが分かり，
$b' = 0$ であることおよび $aa'a'' = -1$ であることが分かる．こ
れより3元2次形式は

$$\begin{pmatrix} 1 & 1 & -1 \\ 0 & 0 & 0 \end{pmatrix}, \begin{pmatrix} 1 & -1 & 1 \\ 0 & 0 & 0 \end{pmatrix},$$

$$\begin{pmatrix} -1 & 1 & 1 \\ 0 & 0 & 0 \end{pmatrix}, \begin{pmatrix} -1 & -1 & -1 \\ 0 & 0 & 0 \end{pmatrix} \tag{5.2}$$

の形に簡約化される．従って判別式が1の3元2次形式は
(5.1) と (5.2) のいずれかの3元2次形式と同値である．

ところで3元2次形式 $\begin{pmatrix} 0 & 1 & 0 \\ 0 & 1 & 0 \end{pmatrix}$ と $\begin{pmatrix} 0 & 1 & 0 \\ 0 & -1 & 0 \end{pmatrix}$ とが同値
であることは変数変換 $(x, y, z) \longrightarrow (x, y, -z)$ を施せば直ちに
分かる．さらに

$$\begin{pmatrix} 0 & 0 & \pm 1 \\ 0 & 1 & 1 \\ 1 & -1 & 0 \end{pmatrix} \begin{pmatrix} 0 & 0 & 1 \\ 0 & 1 & 0 \\ 1 & 0 & 0 \end{pmatrix} \begin{pmatrix} 0 & 0 & 1 \\ 0 & 1 & -1 \\ \pm 1 & 1 & 0 \end{pmatrix}$$

$$= \begin{pmatrix} 0 & 0 & \pm 1 \\ 0 & 1 & 0 \\ \pm 1 & 0 & 1 \end{pmatrix} （複号同順）$$

が成り立つので $\begin{pmatrix} 0 & 1 & 0 \\ 0 & 1 & 0 \end{pmatrix}$ と $\begin{pmatrix} 0 & 1 & 1 \\ 0 & \pm 1 & 0 \end{pmatrix}$ とは同値であるこ
とが分かる．類似の計算で (5.1) の3元2次形式はすべて
$\begin{pmatrix} 0 & 1 & 0 \\ 0 & 1 & 0 \end{pmatrix}$ と同値であることが分かる．

また (5.2) の $\begin{pmatrix} 1 & 1 & -1 \\ 0 & 0 & 0 \end{pmatrix}$, $\begin{pmatrix} 1 & -1 & 1 \\ 0 & 0 & 0 \end{pmatrix}$ と $\begin{pmatrix} -1 & 1 & 1 \\ 0 & 0 & 0 \end{pmatrix}$ は
互いに同値であることが簡単に分かる．さらに

$$\begin{pmatrix} 1 & 1 & 0 \\ 0 & 1 & -1 \\ -1 & -1 & 1 \end{pmatrix}\begin{pmatrix} 0 & 0 & 1 \\ 0 & 1 & 0 \\ 1 & 0 & 0 \end{pmatrix}\begin{pmatrix} 1 & 0 & -1 \\ 1 & 1 & -1 \\ 0 & -1 & 1 \end{pmatrix}$$

$$=\begin{pmatrix} 1 & 0 & 0 \\ 0 & 1 & 0 \\ 0 & 0 & -1 \end{pmatrix}$$

が成り立つことが分かるので，判別式1の3元2次形式は
$f=\begin{pmatrix} 0 & 1 & 0 \\ 0 & 1 & 0 \end{pmatrix}$ か $g=\begin{pmatrix} -1 & -1 & -1 \\ 0 & 0 & 0 \end{pmatrix}$ に同値であることが
分かる．またこの2つの3元2次形式は同値ではない．f
は不定値形式，g は負定値形式だからである．変数を使っ
て表せば $f=y^2+2xz,\ g=-(x^2+y^2+z^2)$ となる．さらに
$(x,y,z)\longrightarrow(-y,x,z)$ を変数変換すれば f は x^2-2yz と同値
であることが分かる．x^2-2yz，言い換えると $\begin{pmatrix} 1 & 0 & 0 \\ 1 & 0 & 0 \end{pmatrix}$
は簡約化した2次形式ではないが，後にガウスの大定理を
証明するときはこの3元2次形式を使う．いずれにしても
判別式が1の3元2次開式の同値類は2つあり，一つは
$\begin{pmatrix} 0 & 1 & 0 \\ 0 & 1 & 0 \end{pmatrix}$ と同値な3元2次形式のなす類であり，もう一
つは $\begin{pmatrix} -1 & -1 & -1 \\ 0 & 0 & 0 \end{pmatrix}$ に同値な3元2次形式のなす類であ
る．前者は不定値形式からなり，後者は負定値形式からな
る類である．

5.2 主種に属する2元2次形式と3元2次形式

まず次の補題を証明しよう．

■ **補題 5.2** ■■■■■■■■■■■■■■■■■■■■■■■■■■■■

　整数 a と自然数 m に対して次のことが成り立つ.

(1) 奇素数 p に対して a は p の倍数でなく

$$a \equiv \alpha_1^2 \pmod{p}$$

　が成り立つような整数 α_1 が存在すれば任意の自然数 m に対して

$$a \equiv \alpha_m^2 \pmod{p^m}$$

　が成り立つような整数 α_m が存在する.

(2) $$a \equiv 1 \pmod{8}$$

　であれば自然数 $m \geqq 3$ に対して

$$a \equiv \alpha_m^2 \pmod{2^m}$$

　が成り立つような整数 α_m が存在する.

[証明]

(1) m に関する数学的帰納法で証明する.

$m = 1$ は仮定より正しい. $m = n$ のとき

$$a \equiv \alpha_n^2 \pmod{p^n}$$

が成立したと仮定する. すると

$$a - \alpha_n^2 = \beta p^n$$

となる整数 β が存在する. 仮定より $2\alpha_n$ は p の倍数でないので

$$2\alpha_n \gamma \equiv \beta \pmod{p}$$

を満たす整数 γ が存在する. そこで

$$\alpha_{n+1} = \alpha_n + \gamma p^n$$

と置くと

$$a - \alpha_{n+1}^2 = a - \alpha_n^2 - 2\alpha_n \gamma p^n + \gamma^2 p^{2n}$$

$$= (\beta - 2\alpha_n \gamma)p^n + \gamma^2 p^{2n}$$

$$\equiv 0 \pmod{p^{n+1}}$$

よって $m = n+1$ のときも補題の結論は正しいことが分かる. 従ってすべての自然数 m で補題は成り立つ.

（2）も m に関する数学的帰納法で証明する. $m = 3$ のとき仮定より $\alpha_3 = 1$ と取ればよい. $m = n \geqq 3$ のとき

$$a \equiv \alpha_n^2 \pmod{2^n}$$

が成り立つような整数 α_n が存在したと仮定する.

$$a - \alpha_n^2 = \beta 2^n$$

によって整数 β を定める. もし β が偶数であれば

$$a - \alpha_n^2 \equiv 0 \pmod{2^{n+1}}$$

が成り立つので $\alpha_{n+1} = \alpha_n$ と取る. 一方 β が奇数の時は $\alpha_{n+1} = \alpha_n + 2^{n-1}$ と置く. $n \geqq 3$ であるので $2(n-1) \geqq n+1$ である. a は奇数であり, 従って α_n も奇数であるので

$$a - \alpha_{n+1}^2 = a - \alpha_n^2 - \alpha_n 2^n - 2^{2(n-1)}$$

$$= (\beta - \alpha_n)2^n - 2^{2(n-1)}$$

$$\equiv 0 \pmod{2^{n+1}}$$

が成り立つ. よって $m = n+1$ のときも補題は成立する. よってすべての $m \geqq 3$ に対して補題は成立する. ［**証明終**］

注意 5.3 後に説明する p 進数を使えば上の（1）は a が素数 $p \geqq 3$ の平方剰余であれば $a = \alpha^2$ となる p 進数 α

が, (2) は $a \equiv 1 \pmod 8$ であれば $a = \alpha^2$ となる2進数 α が存在すると言い換えることができる. この観点は後述するハッセ・ミンコフスキーの定理で重要になる.

定理5.4　判別式 D の第一種2元2次原始形式 (p,q,r) が主種に属するならば
$$p \equiv B^2, \ q \equiv BB', \ r \equiv B'^2 \pmod D$$
を満たす整数 B, B' が存在する.

　定理4.8とこの定理によって2元2次形式 $(p,-q,r)$ ((p,q,r) ではないことに注意) は3元2次形式によって表現される. このことがガウスによる証明では鍵となっている.

証明　2次形式 $\varphi = (p,q,r)$ の判別式 $D = q^2 - pr$ が
$$D = 2^m p_1^{m_1} p_2^{m_2} \cdots p_s^{m_s}, \ m \geq 0, \ m_i \geq 1$$
と素因数分解されたとする. まず奇素数 p_i を考える. (p,q,r) は原始形式であったので p, r の少なくとも一方は p_i の倍数ではない (p, r が p_i の倍数であれば q も p_i の倍数となり, 原始形式であることに反する). そこで r が p_i の倍数でないと仮定する. すると r は2次形式 φ で表現される p_i と互いに素な整数である. 仮定より φ のすべての指標は1であるので
$$\left(\frac{r}{p_i}\right) = 1$$

が成り立ち

$$r \equiv B_i'^2 \pmod{p_i}$$

となる整数 B' が存在する．従って補題 5.2 より

$$r \equiv B_i'^2 \pmod{p_i^{m_i}}$$

となる整数 B_i' が存在する．このとき

$$qB_i' \equiv rB_i \pmod{p_i^{m_i}} \tag{5.3}$$

となる整数 B_i をとると

$$rB_iB_i' \equiv qB_i'^2 \equiv qr \pmod{p_i^{m_i}}$$

が成り立ち p_i と r は互いに素であるので

$$q \equiv B_iB_i' \pmod{p_i^{m_i}}$$

が成り立つ．また (5.3) および $q^2 \equiv pr \pmod{p_i^{m_i}}$ より

$$rB_i^2 \equiv qB_iB_i' \equiv q^2 \equiv pr \pmod{p_i^{m_i}}$$

が成り立ち，従って

$$p \equiv B_i^2 \pmod{p_i^{m_i}}$$

が成り立つ．以上より

$$p \equiv B_i^2, \ q \equiv B_iB_i', \ r \equiv B_i'^2 \pmod{p_i^{m_i}} \tag{5.4}$$

が成り立つような整数 B_i, B_i' が存在する．p が p_i と互いに素な場合も同様な議論で (5.4) が成り立つような整数 B_i, B_i' が存在することが示される．

次に D が偶数の場合を考える．2 次形式 φ は第一種原始形式と仮定したので p または r は奇数である．p を奇数と仮定しよう．

$D \equiv 0 \pmod 8$ のときは D の因数分解で $m \geqq 3$ であり，特殊指標は

$$(-1)^{(p-1)/2} = 1, \ (-1)^{(p^2-1)/8} = 1$$

である．これは

$$p \equiv 1 \pmod 8$$

を意味する．すると補題 5.2 より

$$p \equiv B_0^2 \pmod{2^m} \tag{5.5}$$

を満たす整数 B_0 が存在する．そこで

$$q B_0 \equiv p B_0' \pmod{2^m}$$

を満たす整数 B_0' をとると

$$p B_0 B_0' \equiv q B_0^2 \equiv pq \pmod{2^m}$$

が成り立ち，従って

$$q \equiv B_0 B_0' \pmod{2^m}$$

が成り立つ．また (5.5) より

$$p B_0'^2 \equiv q B_0 B_0' \equiv q^2 \equiv pr \pmod{2^m}$$

が成り立つので

$$r \equiv B_0'^2 \pmod{2^m}$$

が成り立つ．以上より

$$p \equiv B_0^2, \ r \equiv B_0 B_0', \ r \equiv B_0'^2 \pmod{2^m} \tag{5.6}$$

を満たす整数 B_0, B_0' が存在することが分かる．r が奇数の時も同様の議論で (5.6) を満たす整数 B_0, B_0' が存在することが分かる．

同様の議論で $m = 1, 2$ のときも (5.6) を満たす整数

B_0, B_0' が存在することが示される.

　中国の剰余定理を使うと

$$
\begin{cases}
B \equiv B_0 \pmod{2^m}, \\
B \equiv B_i \pmod{p_i^{m_i}},\ i=1,2,\cdots,s \\
B' \equiv B_0' \pmod{2^m}, \\
B' \equiv B_i' \pmod{p_i^{m_i}},\ i=1,2,\cdots,s
\end{cases}
\tag{5.7}
$$

を満たす整数 B, B' が存在することが分かり，さらに
$(5.4),(5.6),(5.7)$ より

$$
p \equiv B^2,\ q \equiv BB',\ r \equiv B'^2 \pmod D
$$

が成り立つことが分かる.　　　　　　　　　　　[証明終]

　さて定理 4.8 と定理 5.4 より判別式 D の 2 次形式 (p,q,r)
が主種に属すれば $(p,-q,r)$ を表現する判別式 1 の 3 元 2 次
形式 $f = \begin{pmatrix} a & a' & a'' \\ b & b' & b'' \end{pmatrix}$ が存在することが分かる. さらに定理
4.8 の証明より

$$
\begin{aligned}
A'' &= D \\
A'D &= B^2 - p \\
B''D &= BB' - q \\
AD &= r - B'^2
\end{aligned}
$$

によって整数 A, A', A'', B'' を定義すると f の随伴形式は
$F = \begin{pmatrix} A & A' & A'' \\ B & B' & B'' \end{pmatrix}$ であることが分かり, 3 元 2 次形式 f を
与える対称行列 (f) は

$$\begin{pmatrix} p & -q & \frac{qB-pB'}{D} \\ -q & r & \frac{rB-qB'}{D} \\ \frac{qB-pB'}{D} & \frac{rB-qB'}{D} & D \end{pmatrix} \qquad (5.8)$$

で与えられる．この行列の成分はすべて整数であり，行列式は −1 である．対称行列 (5.8) が定値行列とすると，行列式が −1 より負不定値である．すると 3 元 2 次形式 f が表現する 2 元 2 次形式 $(p, -q, r)$ は負定値でなければならない．しかし定値 2 次形式のときは正定値 2 次形式しか考えていないので仮定に矛盾する．従って 3 元 2 次形式 f は負定値形式でなければならない．すると §5.1 の考察より判別式 1 の 3 元 2 次形式は $x^2 - 2yz$ と同値であることが分かる．

5.3　ガウスの大定理の証明

前節までの準備によってガウスの大定理を証明することができる．判別式 D の第一種原始形式 (p, q, r) が主種に属すると仮定すると，前節の議論によって 2 次形式 $(p, -q, r)$ は判別式 1 の 3 元 2 次形式

$$f = \begin{pmatrix} p & r & D \\ (rB-qB')/D & (qB-pB')/D & -q \end{pmatrix}$$

で表現される（(5.8)）．ここで整数 B, B' は

$$p \equiv B^2, \ q \equiv BB', \ r \equiv B'^2 \pmod{D}$$

を満足する．この 3 元 2 次形式 f は $x^2 - 2yz$ を同値である．この同値は

$$(f) = \begin{pmatrix} \alpha & \alpha' & \alpha'' \\ \beta & \beta' & \beta'' \\ \gamma & \gamma' & \gamma'' \end{pmatrix} \begin{pmatrix} 1 & 0 & 0 \\ 0 & 0 & -1 \\ 0 & -1 & 0 \end{pmatrix} \begin{pmatrix} \alpha & \beta & \gamma \\ \alpha' & \beta' & \gamma' \\ \alpha'' & \beta'' & \gamma'' \end{pmatrix} \in SL(3, \mathbb{Z})$$

$$(5.9)$$

で与えられたとしよう. 従って $(p, -q, r)$ は $x^2 - 2yz$ から

$\begin{pmatrix} \alpha & \alpha' & \alpha'' \\ \beta & \beta' & \beta'' \end{pmatrix}$ によって表現されている. すなわち

$$p = \alpha^2 - 2\alpha'\alpha'', \quad -q = \alpha\beta - \alpha'\beta'' - \alpha''\beta',$$
$$r = \beta^2 - 2\beta'\beta''$$

$$(5.10)$$

が成り立っている. そこで

$$a = \begin{vmatrix} \alpha & \beta \\ \alpha' & \beta' \end{vmatrix}, \ b = \begin{vmatrix} \alpha' & \beta' \\ \alpha'' & \beta'' \end{vmatrix}, \ c = \begin{vmatrix} \alpha'' & \beta'' \\ \alpha & \beta \end{vmatrix},$$

とおくと

$$D = b^2 - 2ac$$

であることが (5.10) を使って直接計算することによって分かる. このとき次の補題が成立する.

■ 補題 5.5 ■

行列

$$\begin{pmatrix} 2\beta' & \beta & \beta & \beta'' \\ 2\alpha' & \alpha & \alpha & \alpha'' \end{pmatrix}$$

で定義される双一次変換によって (p, q, r) は $(2a, -b, c)$ と $(2a, -b, c)$ の合成に等しい.

$$(p, q, r) = (2a, -b, c) \circ (2a, -b, c)$$

また行列

$$\begin{pmatrix} \beta' & \beta & \beta & 2\beta'' \\ \alpha' & \alpha & \alpha & 2\alpha'' \end{pmatrix}$$

で定義される双一次変換によって

$$(p,q,r) = (a,-b,2c) \circ (a,-b,2c)$$

が成り立つ.

　この補題によって2次形式 $(2a,-b,c)$ または $(a,-b,2c)$ が第一種原始形式であれば主種に属する2次形式は第一種原始形式の2乗になっている, 言い換えれば $\mathbf{H}=\mathbf{A}$ であることが分かりガウスの大定理が証明されたことになる.

　そのためには a または c が奇数であることを示せばよい. ところで a, b, c の最大公約数は1であることが分かる. これは (b,c,a) が (5.9) の変換行列 $\begin{pmatrix} \alpha & \beta & \gamma \\ \alpha' & \beta' & \gamma' \\ \alpha'' & \beta'' & \gamma'' \end{pmatrix} \in SL(3,\mathbb{Z})$ の逆行列の第3行および第3列に現れることから分かる. 一方

$$\beta''a + \beta b + \beta'c = \begin{vmatrix} \beta'' & \alpha'' & \beta'' \\ \beta & \alpha & \beta \\ \beta' & \alpha' & \beta' \end{vmatrix} = 0$$

$$\alpha''a + \alpha b + \alpha'c = \begin{vmatrix} \alpha'' & \alpha'' & \beta'' \\ \alpha & \alpha & \beta \\ \alpha' & \alpha' & \beta' \end{vmatrix} = 0$$

が成り立つので, もし a, c が共に偶数であれば $\alpha b, \beta b$ も偶数でなければならない. 一方 (p,q,r) は第一種原始形式と仮定したので $\mathrm{GCD}(p,2q,r)=1$ であり, p または r は奇数である. よって (5.10) より α または β は奇数であり, b は偶数であることが分かる. これは $\mathrm{GCD}(a,b,c)=1$ であること

に反する．従って a または c は奇数である．これより補題
5.5 によってガウスの大定理（定理 5.1）が補題 5.5 の証明
を残して証明されたことになる．

　補題 5.5 の証明は残念ながら計算を行う他はないようで
ある．ガウスは 2 元 2 次形式の合成の一般的な計算を行っ
ており，その結果は『数論講義』235 に記されている．紙数
の関係で計算は読者に任せたい．実際に計算を行えばたく
さんある項が消えて綺麗な式になることが分かる．補題 5.5
を見出したガウスに脱帽する他はない．

　ガウスの 3 元 2 次形式の理論は『数論研究』では 2 元 2
次形式の理論に応用するために議論されただけで，さらに
本格的な理論展開を予告していたが完成されずに終わった．
ガウスの理論をさらに深めることによって 2 次形式の一般
論が構築されていった．

6．自然数を3個の平方数の和に表す個数をめぐって

　2 次形式論の発展の原動力の一つとなったのはどのよ
うな自然数を平方数の 2 つの和で表すことができるかと
いう問題で フェルマによって解かれた．その後，ルジ
ャンドルは『数論』の第 3 章で自然数を 3 個の平方数に
書き表すことが できるかを考察し，自然数 n は $n \equiv 0$
$(\mathrm{mod}\,4)$，$n \equiv 7\,(\mathrm{mod}\,7)$ でなければ 3 個の平方数の和に書
き表すことができることを示した．そこでは 3 元 2 次形式
$x^2+y^2+z^2$ を $x=mt+nu,\ y=m't+n'u,\ z=m''t+n''u$ と置

き換えて2元2次形式を作ると，その判別式 c は

$$c = (mn' - m'n)^2 + (m'n'' - m''n')^2 + (m''n - mn'')^2$$

と書けることを使っている．

　　これは §4 で展開したガウスの理論の極めて原始的な記述と考えることができる．判別式 D の2元2次形式 φ が3元2次形式 f を使って表現できると，φ の判別式 D は f の随伴形式によって表すことができることをガウスは示し，さらに両者の間の関係を詳しく調べた．ガウスは『数論講義』の中でこの理論を使って自然数 n が3個の平方数で表せるための必要十分条件と表し方の個数を計算した．

　　自然数 M は2次形式 $f = x^2 + y^2 + z^2$ によって固有に，すなわち共通の約数がない整数 a, b, c によって $M = a^2 + b^2 + c^2$ と表されたする．f の随伴形式 F は今の場合 $F = -x^2 - y^2 - x^2$ である．従って M が f によって固有に表現されれば $-M$ は F によって固有に表現され，逆も成り立つ．一方このことは f の判別式が $\Delta = -1$ であるので，f で固有に表現される判別式 $D = -M$ の2次形式 (p, q, r) に対して

$$-p \equiv B^2, \; q \equiv BB', \; -r \equiv B'^2 \pmod{D}$$

が成り立つことと同値であることが分かる（定理4.8）．

　　以上のことを再度具体的に見ておこう．以下定理4.8の記号に合わせて $D = = M$, $\Delta = -1$ とおく．

　　さて2次形式 $\varphi = (p, q, r)$ が $f = x^2 + y^2 + z^2$ によって固有に表現されたと仮定する．すなわち

$$\begin{pmatrix} p & q \\ q & r \end{pmatrix} = \begin{pmatrix} m & m' & m'' \\ n & n' & n'' \end{pmatrix} \begin{pmatrix} 1 & 0 & 0 \\ 0 & 1 & 0 \\ 0 & 0 & 1 \end{pmatrix} \begin{pmatrix} m & n \\ m' & n' \\ m'' & n'' \end{pmatrix} \quad (6.1)$$

を満たす整数行列

$$\begin{pmatrix} m & m' & m'' \\ n & n' & n'' \end{pmatrix}$$

が存在し，３個の整数

$$L = \begin{vmatrix} m' & m'' \\ n' & n'' \end{vmatrix}, \; L' = \begin{vmatrix} m'' & m \\ n'' & n' \end{vmatrix}, \; L'' = \begin{vmatrix} m & m' \\ n & n' \end{vmatrix}$$

は共通因数を持たないこととする．従って

$$\begin{vmatrix} m & m' & m'' \\ n & n' & n'' \\ l & l' & l'' \end{vmatrix} = 1$$

が成り立つように整数 l, l', l'' を選ぶことができる．すると３次対称行列

$$\begin{pmatrix} m & m' & m'' \\ n & n' & n'' \\ l & l' & l'' \end{pmatrix} \begin{pmatrix} 1 & 0 & 0 \\ 0 & 1 & 0 \\ 0 & 0 & 1 \end{pmatrix} \begin{pmatrix} m & n & l \\ m' & n' & l' \\ m'' & n'' & l'' \end{pmatrix} = \begin{pmatrix} p & q & b' \\ q & r & b \\ b' & b & a'' \end{pmatrix}$$

は３元２次形式 g を定める．これは f と同値な３元２次形式である．g に随伴する２次形式を $G = \begin{pmatrix} A & A' & A'' \\ B & B' & B'' \end{pmatrix}$ と記す．このとき

$$A'' = -\begin{vmatrix} p & q \\ q & r \end{vmatrix} = D = -M,$$

$$B = \begin{vmatrix} p & q \\ b' & b \end{vmatrix}, \; B' = -\begin{vmatrix} q & r \\ b' & b \end{vmatrix}$$

である．また (4.1) より $(G) = \Delta(g)^{-1} = -(g)^{-1}$ であり $((g), (G)$ は対応する２次，３次の対称行列を表す)，従って $(g) = \Delta(G)^{-1}$ および $\det(G) = -\Delta^2$ より

$$
\begin{cases}
\Delta p = -\begin{vmatrix} A' & B \\ B & A'' \end{vmatrix} = B^2 - A'A'', \\[2mm]
\Delta q = \begin{vmatrix} B'' & B \\ B' & A'' \end{vmatrix} = A''B'' - BB', & (6.3) \\[2mm]
\Delta r = -\begin{vmatrix} A & B' \\ B' & A'' \end{vmatrix} = B'^2 - AA''
\end{cases}
$$

が成り立つ. $A'' = D$, $\Delta = -1$, であったのでこれは

$$
-p \equiv B^2, \quad q \equiv BB', \quad -r \equiv B'^2 \pmod{D} \qquad (6.4)
$$

を意味する. B, B' は (6.2) を満たす l, l', l'' のとり方による
が, 別の l, l', l'' を選ぶと D を法として B, B' と合同である
か $-B, -B'$ と合同であるので B, B' は符号の違いを除いて
φ の f による固有表現によって一意的に決まる.

　今度は逆に 2 元 2 次形式 $\varphi = (p, q, r)$ に対して (6.4) を満
たす整数 B, B' が存在したと仮定すると $\varphi = (p, q, r)$ の f に
よる固有の表現が得られることを示そう. そこで (6.3) を
参考にして, $A'' = D$ とおいて

$$
A'D = B^2 - \Delta p
$$
$$
B''D = \Delta q + BB'
$$
$$
AD = B'^2 - \Delta r
$$

によって A, A', B'' を定め, 3 元 2 次形式 $G = \begin{pmatrix} A & A' & A'' \\ B & B' & B'' \end{pmatrix}$
を定義する. 簡単な計算からこの 3 元 2 次形式の判別式は
$\Delta^2 = 1$ であることが分かる. この 2 次形式の随伴形式を
$\tilde{g} = \begin{pmatrix} \alpha & \alpha' & \alpha'' \\ \beta & \beta' & \beta'' \end{pmatrix}$ と記すと, $\Delta = -1$ より

$$\alpha = -\begin{vmatrix} A' & B \\ B & A'' \end{vmatrix} = \Delta p = -p$$

$$\alpha' = -\begin{vmatrix} A & B' \\ B' & A'' \end{vmatrix} = \Delta r = -r$$

$$\beta'' = \begin{vmatrix} B'' & B \\ B' & A'' \end{vmatrix} = \Delta q = -q$$

であることが分かり，$\tilde{g} = \begin{pmatrix} -p & -r & \alpha'' \\ \beta & \beta' & -q \end{pmatrix}$ と書くことができる．この2次形式の判別式は $(\Delta^2)^2 = 1$ である．このとき3元2次形式

$$g = -\tilde{g} = \begin{pmatrix} p & r & -\alpha'' \\ -\beta & -\beta' & q \end{pmatrix} \tag{6.5}$$

の随伴形式が G であることが簡単に分かる．また，g の判別式は -1 である．

§5.1で判別式が1の3元2次形式の同値類を求めた．それは2個あり，一方は不定値で代表として $x^2 - yz$ を他方は負定値であり代表として $-x^2 - y^2 - z^2$ をとることができた．このことから判別式 -1 の3元2次形式の同値類は2個あり，一方は不定値，他方は正定値で $f = x^2 + y^2 + z^2$ を含む同値類であることが分かる．

ところで (6.5) で定義した3元2次形式の判別式は -1 である．また $z = 0$ とおくと出発点の2元2次形式 $\varphi = px^2 + 2qxy + ry^2$ が得られるが，これは正定値形式 f の表現であるので正定値である．従って対応する3次対称行列 (g) は少なくとも2個正の固有値を持ち，$\det(g) = 1$ より残りの固有値も正でなければならない．これは g が正定値であることを意味し，従って g は $f = x^2 + y^2 + z^2$ と同値で

ある．この同値が $SL(3, \mathbb{Z})$ の元 $S = (s_{ij})$ によって得られるとする．すなわち

$$\begin{pmatrix} s_{11} & s_{21} & s_{31} \\ s_{12} & s_{22} & s_{32} \\ s_{13} & s_{23} & s_{33} \end{pmatrix} \begin{pmatrix} 1 & 0 & 0 \\ 0 & 1 & 0 \\ 0 & 0 & 1 \end{pmatrix} \begin{pmatrix} s_{11} & s_{12} & s_{13} \\ s_{21} & s_{22} & s_{23} \\ s_{31} & s_{32} & s_{33} \end{pmatrix} = (g)$$

とすると

$$\begin{pmatrix} p & q \\ q & r \end{pmatrix} = \begin{pmatrix} 1 & 0 \\ 0 & 1 \\ 0 & 0 \end{pmatrix} (g) \begin{pmatrix} 1 & 0 & 0 \\ 0 & 1 & 0 \end{pmatrix}$$

$$= \begin{pmatrix} 1 & 0 \\ 0 & 1 \\ 0 & 0 \end{pmatrix} {}^t\!S \begin{pmatrix} 1 & 0 & 0 \\ 0 & 1 & 0 \\ 0 & 0 & 1 \end{pmatrix} S \begin{pmatrix} 1 & 0 & 0 \\ 0 & 1 & 0 \end{pmatrix}$$

が成り立つ．これより

$$(x, y, z) = (t, u) \begin{pmatrix} s_{11} & s_{12} & s_{13} \\ s_{21} & s_{22} & s_{23} \end{pmatrix}$$

によって $\varphi = pt^2 + 2qtu + ru^2$ は f によって固有に表現されることが分かる．また，上の議論から (6.4) を満たす (B, B') と $(-B, -B')$ とは同じ表現を与えるが，それ以外の (6.4) の解は φ の異なる表現を与えることも分かる．

さて考察しているのは自然数 M に対して

$$M = a^2 + b^2 + c^2 \tag{6.6}$$

と整数 (a, b, c) を使って表すことのできる個数を求める問題であった．(a, b, c) の順序と符号を考慮するか否かで個数の勘定は異なる．a^2, b^2, c^2 がすべて異なり 0 でない場合は順序と符号を考慮すると (a, b, c) から出発して順序の入れ替えで $3! = 6$ 通り，符号のとり方で $2^3 = 8$ 通りあるので，全部で 48 通りの組み合わせが得られる．また a^2, b^2, c^2 のうち 2

個だけが等しい場合は，この等しい数の入れ替えは新しい組み合わせにならないので，入れ替えとして 3!/2 = 3 通り，符号の組み合わせは 8 通りで全部で 24 通りの組み合わせが得られ，すべて等しい場合は 8 通りの組み合わせが得られる．また，a, b, c が共通因数 m を持つ場合は M は m^2 の倍数となり M/m^2 を 3 個の平方数として表す問題に帰着する．従って a, b, c は共通因数をもたない，言い換えると $-M$ は $F = -x^2 - y^2 - z^2$ で固有に表される場合を考察することが重要になる．これは 2 元 2 次形式が $f = x^2 + y^2 + z^2$ によって固有に表現されることに対応する．もちろん M が平方数を因数として持たなければすべての表現は固有になる．

　ところで整数 a が奇数であれば $a^2 \equiv 1 \pmod 4$，偶数であれば $a^2 \equiv 0 \pmod 4$ であるので，a, b, c のいずれも 0 でなくかつ共通因数を持たないと仮定すれば，(6.6) の表示がなりたてば M は 4 の倍数にはなりえない．また $a^2 \equiv 0, 1, 4 \pmod 8$ であるので (6.6) であれば $M \not\equiv 7 \pmod 8$ である．

　そこで $M \not\equiv 0 \pmod 4$, $M \not\equiv 7 \pmod 8$，すなわち $M \equiv 1, 2, 3, 5, 6 \pmod 8$ と仮定する．実はここが一番重要なところであるが，指標の理論を使うことによってこの場合，判別式 D が $-M$ で合同式 (6.4) が解を持つ正定値原始 2 次形式を含む種が存在することをガウスは『数論講義』で示している．そこでこの種に属する類が k 個あるとすると，各類から代表元である 2 元 2 次形式 $\varphi_i = (p_i, q_i, r_i)$, $i = 1, \cdots, k$ を選び合同式 (6.4)

$$-p_i \equiv B^2, \ q_i \equiv BB', \ -r_i \equiv B'^2 \pmod M$$

を解くことによって φ_i を f によって固有に表現することができ，対応して M の3平方数への 分解が得られることになる．M の因子になる奇素数の個数を μ 個とすると，合同式 (6.4) は 2^μ 個の解を持つことが分かる（種は指標で決まり，(6.4) が解を持つことから2次形式 φ_i の指標は決まってしまい，このことからこの種に属するどの2次形式も (6.4) の解を 持ち，解の個数はすべて同じである）．一方，$M > 2$ であれば (B, B') と $(-B, -B')$ とは M を法として 合同でないので，(6.6) は順序や符号の違いを無視すれば $2^{\mu-1}k$ 通りの3平方数への分割があることになる．$M = 1, 2$ の場合は順序や符号を無視した場合の分割の個数は $2^\mu k$ となることが分かる．順序や符号の違いも含めて，かつ a^2, b^2, c^2 がすべて異なるとするとすべての M に対して3平方数への分割は $24 \cdot 2^\mu = 3 \cdot 2^{\mu+3}$ であることが分かる．従って判別式 $-M$ の正定値2元2次形式を含む種の類数 k が分かれば自然数 M の3平方数への分割の個数が分かることになる．類数を求めたのはディリクレであった．この類数の計算は2次体の類数の計算と深く関わっている．ディリクレの結果の一部を述べると $M \equiv 1 \pmod 4$ の場合は符号や順序の違いを考慮に入れた分割の個数は

$$24 \sum_{n=1}^{\frac{1}{2}(M-1)} \left(\frac{n}{M} \right) \tag{6.7}$$

で与えられる．ここで $\left(\dfrac{n}{M} \right)$ はルジャンドルの記号を拡張したヤコビの記号で $M = p_1 p_2 \cdots p_m$ と重複も許して素数の積で

表わすと

$$\left(\frac{n}{M}\right) = \begin{cases} 0, & M \text{ と共通因数を持つ} \\ \displaystyle\prod_{j=1}^{m}\left(\frac{n}{p_j}\right) & M \text{ と互いに素} \end{cases}$$

と定義する．ヤコビの記号は便利なので以下でも使うことにする．

　自然数を 3 平方数の和に分割する仕方の個数に関する以上のガウスの議論は 2 次形式の理論のその後の発展に大きな影響を与えた．

7. アイゼンシュタイン

　2 次形式の理論に関してはガウスが手を着けて完成に足らなかった 3 元 2 次形式論が大きな注目を集めた．決定的な第一歩を踏んだのはアイゼンシュタイン（Gotthold Eisenstein, 1823–1852）であった．アイゼンシュタインはガウスが 2 元 2 次形式で導入した目と種の概念を 3 元 2 次形式対して導入し，同じ種に属する類の分類を試みた．その最初の論文は

G. Eisenstain: Neue Theoreme der höheren Arithmetik（高等数論の新しい定理），J. reine angew. Math. 35 (1847)，177-196，（Mathematische Werke Gotthold Eisenstein, Vol.1 , 483–502., Chelsea, 1975）.

として発表された．アイゼンシュタインは自然数を平方

数の和に分割することにも興味があったので，この論文では正定値3元2次形式に限って議論を展開している．2元2次形式 (a, b, c) のときは判別式と $\mathrm{GCD}(a, b, c)$ および $\mathrm{GCD}(a, 2b, c)$ が一致するものを同じ目に属すると定義した．2元2次形式の場合と違い，3元2次形式 f の場合は対応する随伴形式 F も同時に考慮する必要がある．3元2次形式

$$f = \begin{pmatrix} a & a' & a'' \\ b & b' & b'' \end{pmatrix}$$
$$= ax^2 + a'y^2 + a''y^2 + a''z^2 + 2byz + 2b'xz + 2b''xy$$

に対して対応する3次対称行列を以前と同様 (f) と記す．f の判別式 D は $D = -\det(f)$ と定義した．対称行列 (f) の余因子 Δ_{ij} を使ってできる対称行列 $(F) = -(\Delta_{ij})$ に対応する3元2次形式を $F = \begin{pmatrix} A & A' & A'' \\ B & B' & B'' \end{pmatrix}$ と記して3元2次形式 f の随伴形式と呼んだ．3元2次形式 $f = \begin{pmatrix} a & a' & a'' \\ b & b' & b'' \end{pmatrix}$ は $a, a', \cdots, b''$ が共通因数を持たないときに原始的と呼ばれる．以下では原始的な2次形式のみを考える．f が原始形式であっても随伴形式 $F = \begin{pmatrix} A & A' & A'' \\ B & B' & B'' \end{pmatrix}$ は原始形式とは限らない．そこで $A, A', \cdots, B''$ の正の最大公約数を Ω と記し，$F = \Omega \hat{F}$ とおくと $\hat{F}$ は原始形式である．式 (4.1) に示したように

$$(F) = D(f)^{-1}$$

が成り立つので随伴形式の判別式 $-\det(F)$ は D^2 である．一方 $\det(F) = \Omega^3 \det(\hat{F})$ が成り立つので

$$D^2 = -\Omega^3 \det(\hat{F})$$

が成り立つ. $D, \Omega, \det(\hat{F})$ は整数であるので, この等式は D が Ω^2 で割り切れることを意味する. そこで整数 Δ を

$$D = -\Omega^2 \Delta$$

で定義する. 正定値2次形式を考えているので $D < 0$ であり Δ は正整数である. アイゼンシュタインは正定値3元2次形式はその判別式 D とその随伴形式 $F = \begin{pmatrix} A & A' & A'' \\ B & B' & B'' \end{pmatrix}$ の $A, \cdots, B''$ の正の最大公約数, 言い換えればもとの3元2次形式 f に対応する3次対称行列 (f) の小行列式全体の正の最大公約数 Ω が同じである3元2次形式は同じ目(order)に属すると定義した. 3元2次形式 f, g は $SL(3, \mathbb{Z})$ の元で互いに移り合うとき, すなわち

$$(f) = {}^t M (g) M$$

が成り立つとき同値であると言い, 同値な2次形式の全体を類と呼んだ. 従って同値な3元2次形式は同じ目に属している. ガウスは2元2次形式に対して類と目の間に種を導入した. アイゼンシュタインもガウスにならって3元2次形式の場合に種を定義することを試みた.

　彼は正定値3元2次形式の判別式が奇数の場合に種を定義することに成功した. ガウスの場合と同様に指標を導入するが, 今度は随伴形式も考える必要がある. (D, Ω) が定める目に属する正定値原始3元2次形式 f を考える. 3元2次形式 f の判別式 $D = -\Omega^2 \Delta$ に対して Δ を割り切らず Ω を割る素数の全体を $p_1, p_2, \cdots, p_s$, Δ を割り Ω を割り切

らない素数の全体を $q_1, q_2, \cdots, q_t$, Ω も Δ も割り切る素数の全体，言い換えると D と Ω の最大公約数の素因数の全体を $r_1, \cdots, r_u$ とする．そこで f が表すことのできる p_j と素な整数 a_j をとり平方剰余 $\left(\dfrac{a_j}{p_j}\right)$ を考えると a_j のとり方に依らず値は一定である．そこでこの値をアイゼンシュタインにならって $\left(\dfrac{f}{p_j}\right)$ と記す．ところで f の随伴形式 F に対して $F = -\Omega\tilde{F}$ とおくと $\tilde{F}$ は正定値2次形式である．同様に $\tilde{F}$ が表すことができる q_k と素な整数 b_k をとると平方剰余 $\left(\dfrac{b_k}{q_k}\right)$ は b_k のとり方に依らず一定であるのでこの値を $\left(\dfrac{\tilde{F}}{q_k}\right)$ を記す．以上と同様に $\left(\dfrac{f}{r_i}\right)$, $\left(\dfrac{\tilde{F}}{r_i}\right)$ も定義できる．

そこで

$$\left(\frac{f}{p_1}\right), \cdots, \left(\frac{f}{p_s}\right), \left(\frac{f}{r_1}\right), \cdots, \left(\frac{f}{r_u}\right),$$

$$\left(\frac{\tilde{F}}{q_1}\right), \cdots, \left(\frac{\tilde{F}}{q_t}\right), \left(\frac{\tilde{F}}{r_1}\right), \cdots, \left(\frac{\tilde{F}}{r_u}\right)$$

が正定値原始3元2次形式の指標と定義し，同じ指標を持つ正定値原始3元2次形式は同じ種に属すると定義した．上述の論文でアイゼンシュタインは $D = -1$ から $D = -25$ までの奇数の判別式に対して種とその種に属する類の代表元をあげている．

　さらにアイゼンシュタインは正定値3元2次形式 f を自分自身に移す $SL(3, \mathbb{Z})$ の元の個数 δ を問題にした．f は正定値であるので

$$O(f) = \{M \in SL(3, \mathbb{Z}) \,|\, {}^tM(f)M = (f)\}$$

は有限群であり，その位数 $|O(f)|$ が δ である．このことから f と同値な 3 元 2 次形式では δ は同じであることがわかり，δ は類の不変量である．

　例えば $D = -9$ であれば Ω の可能性としては 1 か 3 である．$\Omega = 1$ のときは $\Delta = 9$ であり，指標はただ一つ $\left(\dfrac{\tilde{F}}{3}\right)$ である．$\left(\dfrac{\tilde{F}}{3}\right) = 1$ のときは種に属する類はただ 1 個でその代表として 2 次形式 $\begin{pmatrix} 1 & 1 & 9 \\ 0 & 0 & 0 \end{pmatrix}$ をとることができ $\delta = 9$ であり，$\left(\dfrac{\tilde{F}}{3}\right) = -1$ のときも種に属する類はただ 1 個でその代表として 2 次形式 $\begin{pmatrix} 1 & 2 & 5 \\ 1 & 0 & 0 \end{pmatrix}$ をとることができ $\delta = 4$ であることをアイゼンシュタインは示している．また $\Omega = 3$ のときは指標 $\left(\dfrac{f}{3}\right) = 1$ のときも種に属する類は 1 個であり代表元として $\begin{pmatrix} 1 & 3 & 3 \\ 0 & 0 & 0 \end{pmatrix}$ をとることができ $\delta = 8$ であり，指標 $\left(\dfrac{f}{3}\right) = -1$ のときも種に属する類は 1 個であり代表元として $\begin{pmatrix} 2 & 3 & 3 \\ 0 & 0 & 1 \end{pmatrix}$ をとることができ $\delta = 12$ であることをアイゼンシュタインは示している．

　§4 で述べたように 3 元 2 次形式の簡約化を考えることによってガウスは判別式が $D \neq 0$ の 3 元 2 次形式の類の個数は有限であることを示していた．従って同じ種に属する 3 元 2 次形式の類も有限個である．(D, Ω) が定める目に属する種に含まれる類の代表元を $f_1, f_2, \cdots, f_{\lambda}$ とするときにアイゼンシュタインは

$$\sum_{j=1}^{\lambda} \frac{1}{|O(f_j)|}$$

をこの種の測度と呼んだ（後述するスミスは weight と呼んだ）. アイゼンシュタインはこの測度が

$$\frac{\Omega\Delta}{24}(2-\varepsilon)\prod_{j=1}^{s}\left\{\frac{p_j+\left(\frac{-\Delta f}{p_j}\right)}{2p_j}\right\}$$

$$\cdot\prod_{k=1}^{t}\left\{\frac{p_k+\left(\frac{-\Omega\tilde{F}}{q_k}\right)}{2q_k}\right\}\prod_{i=1}^{u}\left\{\frac{r_i^2-1}{4r_i^2}\right\}$$

と表されることを示している. ここで ε はヤコビの記号を使って

$$\varepsilon=(-1)^{\frac{1}{2}(\Omega-1)\cdot\frac{1}{2}(\Delta-1)}\left(\frac{-f}{\Omega}\right)\left(\frac{-\tilde{F}}{\Delta}\right)$$

と定義される. 上で記したアイゼンシュタインの例 $D=-9$ のときは $\Omega=1$ で指標 $\left(\dfrac{\tilde{F}}{3}\right)=1$ のときは種の測度は 1/9,

$\left(\dfrac{\tilde{F}}{3}\right)=-1$ のときは 1/4 である.

　判別式が偶数の場合をアイゼンシュタインが考察しなかったのは, 2 のべきを使った指標を定義することに成功しなかったことによる. 正定値のみならず不定値の場合の 3 元 2 次形式に対して判別式の偶奇に関係なく指標を定義して種を定義したのはイギリスの数学者スミス（Henry J.S. Smith, 1826–1883) あった. このことは節を改めて述べる.

　ところでアイゼンシュタインの論文にはほとんど結果だけが記され, 詳しい証明は省かれている. 彼は 2 次形式に対して沢山のアイディアと結果を持っていたが, 夭折したためにそれを練り上げる十分な時間は残されていなかった. 例え

ば，わずか 1 ページの論文

Note sur la représentation d'un nombre par la somme de cinq carrés（数を 5 個の平方数で表すことについてのノート），J. reine angew. Math. 35（1847），368（Mathematische Werke Gotthold Eisenstein, Vol.II, 505, Chelsea, 1975）．

でアイゼンシュタインはガウスとディリクレによる自然数を 3 個の平方数の和で表す仕方の個数に関する結果を 5 個の平方数の和に表す仕方の個数に拡張している．この論文では結果のみが記されている．例えば $M \equiv 1 \pmod 8$ の自然数 $M > 1$ に対しては個数はヤコビの記号を使って

$$-80 \sum_{n=1}^{\frac{1}{2}(M-1)} \left(\frac{n}{M} \right) n$$

と表されると主張している．さらに 7 個の平方数の和に関しても類似の結果を次の論文で主張している．

Lehrsätze（命　題），J. reine angew. Math. 39（1850），180-182（Mathematische Werke Gotthold Eisenstein, Vol.II, 620-622, Chelsea, 1975）．

　アイゼンシュタインのあとを継いで理論を完成させたのはイギリスの数学者スミスであった．彼は 3 元 2 次形式の理論を，さらには一般の 2 次形式の理論を展開して目と種の定義を与え，アイゼンシュタインの主張を厳密に証明した．とはいってもスミスも論文では詳細な証明を与えてはいない．

　ところで種に関してはアイゼンシュタインはさらに驚くべ

き主張をしている.

Über die Vergleichung von solchen ternären quadratishen Formen, welche verschiden Determinaten haven（異 な る判別式を持つ3元2次形式の比較について），Bericht Königli. Preuss. Akademi der Wissenschaften zu Berlin （1852），350-389.

これはベルリンの王立プロイセン科学アカデミーでの講演記録であり，ここでアイゼンシュタインは n 変数の整数係数斉次多項式は $SL(n, \mathbb{Q})$ で移り合うことができるときに同じ種に属すると定義し，この定義が3元2次形式の場合は以前彼が与えた種の定義と一致すると主張している．この主張もスミスによって精密化する形で証明されている．

8．スミスの2次形式論

アイゼンシュタインが未完のままで残した2次形式論をひとまず完成させたのはイギリスの数学者スミスであった．しかしスミスの2次形式論はヨーロッパ大陸ではほとんど注目を浴びることがなく，1881年にはパリ科学アカデミーは自然数を5個の平方数の和として書き表す仕方の個数に関するアイゼンシュタインの主張を証明することを懸賞問題として発表した．この証明は既にスミスが得ていたのであったが，パリ科学アカデミーはそのことを知らずに出題し，当時17歳の大学生であったミンコフスキーもスミスの結果を

知らずに2次形式論をガウスを受け継ぐ形で発展させ，問題を解決した．今回はこの両者の理論を述べる．また，ジーゲルの考察に大きな影響を与えることになったヤコビに始まるテータ関数を使った偶数個の平方数に書き表す仕方の個数の計算についても述べることにする．

スミスの2次形式論は3元2次形式の場合は

On the orders and genera of ternary quadratic forms, Trans. Phil. Soc. London, 157 (1867), 255–298 (Collected Math. Papers, I, 455–506).

で発表され，さらに一般の2次形式の場合に論文

On the orders and genera of quadratic forms containing more than three indeterminates, Proc. Royal Soc., 16 (1868), 197–208 (Collected Math. Papers, I, 510–523).

で扱われている．ただ2番目の論文には詳しい証明がつけられていない．上述したようにスミスの論文は英国以外の数学者の関心を引かず，アイゼンシュタインの5個の平方数の和の表し方の個数に関する結果を彼が2番目の論文で解決していたことをフランスの数学者は知らなかった．そのためスミスの論文が発表された14年後の1881年にパリの科学アカデミーはアイゼンシュタインの5平方数の和に関する結果を厳密に証明することを懸賞問題として提出した．この懸賞問題に応募してグランプリを獲得したのが当時17歳でケーニヒスベルク大学の学生であったミンコフスキー (Herman Minkowski, 1864–1909) であった．パリの科学ア

カデミーは懸賞問題を公表後にスミスが既に証明していたことを知ったが, スミス自身も上記の論文の詳しい解説と証明を記した論文をアカデミーの提出してミンコフスキーと共にグランプリを獲得した. スミスのこの論文は

Mémoire sur la représentation des nombres par des sommes de cinq carrés (数を5個の平方数で表すことについての報告書), Mémoires présentes par divers savants à l'Académie des Sciences de l'Institut National de France, 34 (1884) (Collected Math. Papers, II, 623-680).

として発表された.

n 元2次形式 $f = \sum_{i=1}^{n} a_{ii}x_i^2 + 2\sum_{i<j} a_{ij}x_ix_j$ に対して対応する n 次対称行列 (a_{ij}) を上と同様に (f) と記す. ただし a_{ii}, a_{ij} は整数であると仮定する. また $D = -\det(f)$ を f の判別式と定義する. 以下, $D \neq 0$ の場合のみを考察する. このばあい n 次対称行列 (f) の正の固有値の個数を正の慣性指数と呼ぶ. スミスは判別式が $D \neq 0$ の n 元2次形式 f は正の慣性指数, n 次対称行列 $(f) = (a_{ij})$ の最大公約数 $\mathrm{GCD}\{a_{ij}\}$ および $\mathrm{GCD}\{a_{ii}, 2a_{ij}\}_{i<j}$ が一致するときに同じ目に属すると定義した. $\mathrm{GCD}\{a_{ij}\} = 1$ のとき2次形式は原始的と呼ばれ, その場合が考察の対象となる.

スミスはアイゼンシュタインの種の定義を次のように一般化した. n 次対称行列 (f) の i 次小行列式の最大公約数 ∇_i と記し

$$I_i = \frac{\nabla_{i+1}}{\nabla_i} \Big/ \frac{\nabla_i}{\nabla_{i-1}}, \ i = n-1, n-2, \cdots, 1$$

と定義すると I_i は整数である．ただし $\nabla_0 = 1$ と定義する．また $\nabla_1 = \mathrm{GCD}\{a_{ij}\}_{1\le i\le j\le n} = 1$，すなわち2次形式は原始的と仮定する．スミスはこの I_i の素因数と判別式が偶数のときは2のべき4，8を使って指標を定義し，3元2次形式の場合には判別式が小さい場合の種の分類表も与えている．ここで重要なのはアイゼンシュタインが提案した新しい種の定義に関する結果である．

定理の形で書いておこう．

定理 8.1 判別式 $D \ne 0$ の n 元2次形式 f, g が同じ種に属するための必要十分条件は
$$^tM(f)M = (g)$$
となる $SL(n, \mathbb{Q})$ の元が存在し，しかも任意の自然数 m に対して M の成分に現れる有理数の分母は m と素となるようにとることができることである．

この最後の条件を緩めて，M の成分に現れる有理数の分母は判別式と2と素であればよいことも スミスは示している．この定理によって N を任意の自然数とすると (f) と (g) が同じ種に属すれば $\bmod N$ で 考えると (f) を (g) に移す $\bmod N$ で行列式が1となる整数係数の行列 M_N が存在することが 分かる．上の定理で M を各成分の分母が N と素であるようにとれば $\bmod N$ で整数係数の行列と考えること

ができるからである．すなわち有理数 a/b で b が N と素で
あれば $bc \equiv 1 \pmod{N}$ である整数 c が存在するので a/b の
代わりに ac をとると整数となり $\bmod N$ では a/b と合同にな
るからである．さらに中国の剰余定理を使えば任意の素数
p に対して N として p のべきを考えればよいことも分かる．
このようにして 2 次形式を素数べきを法として 考えること
の重要性が気づかれるようになっていった．

9．ミンコフスキー

　すでに述べたようにミンコフスキーはケーニヒスベルク大
学の学生のときパリに科学アカデミーが 1881 年に 出した懸
賞問題を知り，1882 年 5 月 29 日に科学アカデミーはミンコ
フスキーの論文を受理している．ミンコフスキーはスミスの
論文は知らなかったようで，独自に 2 次形式論を展開した．
懸賞問題の解決のためには 正定値 2 次形式を考察すれば十
分であったが，ミンコフスキーは不定値 2 次形式も含めて一
般論を 先ず展開した．アイゼンシュタインやスミス同様に種
の定義が重要であるが，ミンコフスキーは慣性指数が同じで
ある 判別式 D の n 元 2 次形式 f, g はすべての自然数 N に
対して N を法としてその行列式が 1 である整数を成分とす
る n 次正方行列 M によって f, g に対応する行列の間に

$$(f) \equiv {}^{t}M(g)M \pmod{N}, \quad \det M \equiv 1 \pmod{N}$$

が成り立つとき f と g は同じ種に属すると定義した．中国
の剰余定理を使えば N として任意の素数べきをとれば十分

である.

　ミンコフスキーは逆に種を特徴づける指標を定義し，これ
らの指標が同じであれば同じ種に属することを示した．この
ようにミンコフスキーの種の定義はアイゼンシュタイン，ス
ミスの結果を逆転したものとも言える．指標を定義するため
にミンコフスキーは次のような整数値を用いた．n 元 2 次形
式 f を定義する n 次整数係数対称行列を今まで通り (f) と
記す．(f) の h 次の小行列式全体の正の最大公約数を d_{h-1}
と記す．$d_0 = 1$ のときが原始形式形式であり，この場合が主
として考察の対象になる．さらに h 次の小行列式のうち行
と列が対称のもの，すなわち

$$\begin{vmatrix} a_{j_1j_1} & a_{j_1j_2} & \cdots & a_{j_1hj_h} \\ a_{j_2j_1} & a_{j_2j_2} & \cdots & a_{j_2j_h} \\ \vdots & \vdots & \vdots & \vdots \\ a_{j_hj_1} & a_{j_hj_2} & \cdots & a_{j_hj_h} \end{vmatrix}$$

を h 次の対称小行列式とよび，それ以外の小行列式を非対
称小行列式と呼ぶ．そこで h 次の対称行列式の全体と h 次
の非対称小行列式を 2 倍したもの全体の正の最大公約数を
$\sigma_h d_{h-1}$ と記す．従って σ_h は 1 または 2 である．定義から
$\sigma_n = 1$ あり，(f) の負の慣性指数，すなわち対称行列の負の
固有値の個数を I と記すと $d_{n-1} = (-1)^I \Delta = |\Delta| (\Delta = \det(f))$
である．さらに $o_1, o_2, \cdots, o_{n-1}$ を

$$d_1 = o_1$$
$$d_2 = o_1^2 o_2$$
$$\vdots = \vdots$$
$$d_{n-1} = o_1^{n-1} o_2^{n-2} \cdots o_{n-1}$$

と定義する．$o_1, o_2, \cdots, o_{n-1}$ はすべて正整数である．ミンコフ

スキーは

$$\begin{pmatrix} \sigma_1 & \sigma_2 & \cdots & \sigma_{n-1} \\ o_1 & o_2 & \cdots & o_{n-1} \end{pmatrix}, \; I$$

が等しい n 元 2 次形式は同じ目に属すると定義した．同じ種に属する 2 次形式は同じ目に属することは，種の定義で N を任意にとることができることから十分大きな N を考えることによって簡単に証明することができる．

　さて種を特徴づける指標を定義するためにさらに n 元 2 次形式 f に対して対応する対称行列 (f) の最初の h 行 h 列からできる対称行列の負の慣性指数を I_h と記し $\varepsilon_h = (-1)^{I_h}$ と定義する．ここで $I_0 = 0$ と定義しておく．また (f) の最初の h 行 h 列からできる対称行列の行列式を $\sigma_h d_{h-1} \varphi_h$ とおいて φ_h を定義する．φ_h は整数であることに注意する．このとき指標をミンコフスキーはルジャンドルの平方剰余の記号を使って次のように定義した．

Ⅰ．$\sigma_{h-1} o_h \sigma_{h+1}$ の約数となる奇素数 p に対して

$$\left(\frac{\varphi_h}{p} \right)$$

Ⅱ．$\sigma_{h-1} o_n \sigma_{h+1} \equiv 0 \;(\mathrm{mod}\,4)$ のときは次の 3 個の指標

$$(-1)^{(\varphi_h-1)/2}, \; \left(\frac{\varphi_{h-1}}{\varepsilon_h \varphi_h} \right) \cdot (-1)^{I_h(I_h-1)/2},$$

$$\left(\frac{\varphi_{h+1}}{\varepsilon_h \varphi_h} \right) \cdot (-1)^{I_h(I_h+1)/2}$$

Ⅲ．$\sigma_{h-1} o_n \sigma_{h+1} \equiv 0 \;(\mathrm{mod}\,8)$ のときはさらに

$$\left(\frac{2}{\varphi_h} \right)$$

を指標として加える．

ミンコフスキーは 2 個の n 元 2 次形式が同じ種に属すれば指標は一致し，逆に同じ目に属する 2 個の n 元 2 次形式は指標が一致すれば同じ種に属することを証明した．さらに n 元 2 次形式の指標として実際に現れる指標を特徴づけた．

ところで n 元 2 次形式 f の随伴形式 f' をミンコフスキーは次のように定義する．f に対応する n 次対称行列を $A=(a_{ij})$，その行列式を $\varDelta$ とするとき

$$A_{ik}=\frac{\partial \varDelta}{\partial a_{ik}}$$

とおく．これは a_{ik} の余因子に他ならない．さらに

$$A_{ik}=(-1)^I d_{n-2} a'_{n-i+1,\,n_k+1}$$

として a'_{kl} を定義し，随伴形式 f' を

$$f'=\sum_{k,\,l} a'_{kl} x'_k x'_l$$

と定義する．このとき随伴形式 f' の不変量

$$\begin{pmatrix} \sigma'_1 & \sigma'_2 & \cdots & \sigma'_{n-1} \\ o'_1 & o'_2 & \cdots & o'_{n-1} \end{pmatrix},\ I'$$

と f の不変量とは

$$\sigma'_h = \sigma_{n-h},\ o'_h = o_{n-h},\ I' = I$$

という関係がある．以上の準備のもとでミンコフスキーは $m<n$ のとき m 元 2 次形式を n 元 2 次形式を使って表現することを考察し，ガウスの理論を一般化した．m 元 2 次形式 φ を n 元 2 次形式 f を使って表現する場合は，f に対応する n 次対称行列を (f)，φ 対応する m 次対称行列を (φ) と記すときに，$n\times m$ 整数行列 R を使って

$$^tR(f)R=(\varphi)$$

が成り立つときに φ は f によって表現できるといい，R の

m 次小行列式が共通因子を持たないときに，固有に表現されるという．

　ミンコフスキーは表現の一般論を構築しているが，特別な場合として $m=1$ の場合には次の形の定理になる．これはガウスの定理の自然な一般化になっている．

定理 9.1

I．整数 b が n 元 2 次形式 f によって固有に表現されれば，f の随伴形式 f' によって固有に表現される行列式 $(-1)^l d'_{n-2} b$ をもつ $(n-1)$ 元 2 次形式 φ' が存在する．ここで d'_{n-2} は随伴形式 f' に対応する対称行列 (f') の $(n-1)$ 次小行列式の正の最大公約数である．

I'．逆に行列式 $(-1)^l d'_{n-2} b$ の $(n-1)$ 元 2 次形式 φ' が f の随伴形式 f' によって固有に表現されれば b は f によって固有に表現される．

II．同値な $n\times(n-1)$ 行列 R, R'（すなわち $R'=MR$ となる $M\in SL(n,\mathbb{Z})$ が存在する）によって行列式 $(-1)^l d'_{n-2} b$ を持つ $(n-1)$ 元 2 次形式 φ', ψ' が固有に表現されると b は f によって固有に表現され，その表現は同じである．

II'．行列式 $(-1)^l d'_{n-2} b$ を持つ $(n-1)$ 元 2 次形式 φ', ψ' が f' によって固有に表現され，対応する b の f による表現が同一であれば $(n-1)$ 元 2 次形式 φ' と ψ' とは同値である．

この定理を $f = x_1^2 + x_2^2 + \cdots + x_{25}^2$ に適用することによってミンコフスキーはパリ科学アカデミーの懸賞問題すなわちアイゼンシュタインの主張を証明することができた.

更にミンコフスキーは正定値2次形式の場合に測度の表示式を与えている. このように, ミンコフスキーの2次形式論はガウスの理論を一般の2次形式に拡張し, 完成させたものであった. このきわめて完成度の高い理論が当時17歳のミンコフスキーによって構築されたことは驚くべきことであった.

10. 平方数の偶数個の和

ミンコフスキーの2次形式論はさらに深化していったが, それはハッセの理論と深く関係するので, 改めて述べることにして, 今回は2次形式論とは異なる手法でヤコビによって得られた自然数を偶数個の平方数の和で表すことについて述べておく.

自然数を偶数個の平方数の和に表すときの表し方の個数の議論は奇数個の場合と違い, 解析的な手法が大きな力を発する. このことはヤコビによる楕円関数の研究から明らかになった. ヤコビは以下に述べる公式群を楕円積分の逆関数として定義した楕円関数の研究を通してまず証明し, そこからテータ関数を見出した.

ここでは歴史的な順序を変えて, 現在よく使われている形でのテータ関数から出発することにしよう. 虚部が正の複素

数全体を H と記して上半平面と呼ぶ．複素平面の実軸の上
の部分に対応するからである．

$$H = \{\tau \in \mathbb{C} \,|\, \mathrm{Im}\,\tau > 0\}$$

$\tau \in H$ に対して**テータ関数** $\theta(\tau, z)$ は

$$\theta(\tau, z) = \sum_{n=-\infty}^{\infty} e^{\pi i n^2 \tau + 2\pi i n z} \tag{10.1}$$

と定義される．τ を固定すれば右辺の級数はすべての複素
数で広義一様絶対収束し，複素平面上の正則関数を定義す
る．実際には，τ は上半平面 H 上を動くことができるので，
$\theta(\tau, z)$ は $H \times \mathbb{C}$ 上の正則関数を定義することが証明できる．
またテータ関数 $\theta(\tau, z)$ は z に関して

$$\theta(\tau, z+1) = \theta(\tau, z) \tag{10.2}$$

$$\theta(\tau, z+\tau) = e^{-\pi i \tau - 2\pi i z} \theta(\tau, z) \tag{10.3}$$

となる擬周期性を持つ．平方数の和と関係をつけるために
変数を

$$q = e^{\pi i \tau}, \; x = e^{2\pi i z}$$

と置き換えるとテータ関数は

$$\theta(\tau, z) = \sum_{n=-\infty}^{\infty} q^{n^2} x^n$$

と書き換えることができる．特に

$$\theta(\tau, 0) = \sum_{n=-\infty}^{\infty} q^{n^2} = 1 + 2q + 2q^4 + \cdots \tag{10.4}$$

は**テータ定数**と呼ばれる．テータ定数は上半平面上の正則
関数であるが，この関数が平方数の偶数和と深く関係して
いる．$r_m(N)$ を自然数 N を m 個の平方数の和に書き表す
個数とすると（ただし 0^2 も平方数に含める）例えば

$$\theta(\tau,0)^m = \Big(\sum_{n=-\infty}^{\infty} q^{n^2}\Big)^m = \sum_{n_1,\cdots,n_m\in\mathbb{Z}} q^{n_1^2+n_2^2+\cdots+n_m^2}$$
$$= 1+\sum_{N=1}^{\infty} r_m(N)q^N \tag{10.5}$$

と書くことができる. 但し, 例えば $r_2(N)$ の場合は

$$N = n_1^2+n_2^2 = (-n_1)^2+n_2^2 = n_1^2+(-n_2)^2$$
$$= (-n_1)^2+(-n_2)^2$$
$$= n_2^2+n_1^2 = (-n_2)^2+n_1^2 = n_2^2+(-n_1)^2$$
$$= (-n_2)^2+(-n_1)^2$$

は $n_1^2 \ne n_2^2$ のときはすべて異なる表現として個数を計算する.

そこで $\theta(\tau,0)^m$ を別の形にうまく書き表すことができれば $r_m(N)$ が計算できる. ヤコビは楕円関数に関する著作 "Fundamenta Nova Theoriae Functionum Ellipticarum" (『楕円関数論の新しい基礎』[10] の中で $m=2,4,6,8$ の場合に次のような公式を証明している[11].

---

[10] 邦訳 ヤコビ著・高瀬正弘訳『ヤコビ楕円関数原論』講談社, 2012
[11] $m=2, m=4$ は高瀬訳 第 40 節の式 (4), (8) (p.122), $m=6$ は高瀬訳第 41 節の式 (42), (43) (p.126) (この両者の式を足したものが $\theta(\tau,0)^6$ であることが p.127 で指摘されている), $m=8$ は第 42 節式の (8) (p.134) に対応する. ヤコビの記号で $\sqrt{\dfrac{2K}{\pi}}$ が $\theta(\tau,0)$ に一致する. このことは同書第 66 節の式 (6) (p.213) で示されている. 当然のことであるが $\theta(\tau,0)$ 等の記号は使われていない.

定理 10.1

$$\theta(\tau, 0)^2 = 1 + 4 \sum_{m=1}^{\infty} (-1)^{m-1} \frac{q^{2m-1}}{1 - q^{2m-1}} \tag{10.6}$$

$$\theta(\tau, 0)^4 = 1 + 8 \sum_{n=1}^{\infty} \frac{nq^n}{1 + (-1)^n q^n} \tag{10.7}$$

$$\theta(\tau, 0)^6 = 1 + 16 \sum_{n=1}^{\infty} \frac{n^2 q^n}{1 + q^{2n}} - 4 \sum_{m=1}^{\infty} (-1)^{m-1} \frac{(2m-1)^2 q^{2m-1}}{1 - q^{2m-1}} \tag{10.8}$$

$$\theta(\tau, 0)^8 = 1 + 16 \sum_{n=1}^{\infty} \frac{n^3 q^n}{1 - (-1)^n q^n} \tag{10.9}$$

"Fundamenta Nova" の最後にも少し触れられているが，この公式を使って $r_2(N), r_4(N), r_6(N), r_8(N)$ を得ることができることをヤコビは示している．

定理 10.2（ヤコビ）

　自然数 N を k 個の平方数の和で表す仕方の数を $r_k(N)$ と記すと

$$r_2(N) = d_1(N) - d_3(N)$$

$$r_4(N) = 8 \left(\sum_{d \mid N} d - \sum_{4d \mid N} 4d \right)$$

$$r_6(N) = 4 \sum_{d \mid N, d \text{ 奇数}} (-1)^{(d-1)/2} \left(4 \left(\frac{N}{d} \right)^2 - d^2 \right)$$

$$r_8(N) = 16 \sum_{d \mid N} (-1)^{N-d} d^3$$

ここで $d_k(N)$ は N の約数のうちで 4 を法として k と合同である自然数の個数であり，$\left(\dfrac{N}{d} \right)$ はルジャンドルの記号を一般化したヤコビの記号である．

証明 $r_2(N)$ は次のようにして証明できる.

(10.5) および (10.6) より

$$1+\sum_{N=1}^{\infty} r_2(N) = \theta(r,0)^2$$

$$= 1+4\sum_{m=1}^{\infty}\frac{(-1)^{m-1}q^{2m-1}}{1-q^{2m-1}}$$

$$= 1+4\sum_{m=1}^{\infty}\sum_{k=1}^{\infty}(-1)^{m-1}q^{(2m-1)k}$$

が成り立つ. ここで無限級数は $|q|<1$ で広義一様収束しているので和の順序を変えることができる. さらに $N=(2m-1)k$ のとき, $d=2m-1$ とおくと $(-1)^{m-1}=(-1)^{(d-1)/2}$ より

$$(-1)^{(d-1)/2}=\begin{cases} 1, & d \equiv 1 \pmod 4 \\ -1, & d \equiv 3 \pmod 4 \end{cases}$$

が成り立つので, 上の等式より

$$r_2(N) = \sum_{d\mid N, d 奇数}(-1)^{(d-1)/2} = d_1(N)-d_3(N)$$

が成立する.

同様に (10.5) と (10.7) より

$$\sum_{N=1}^{\infty} r_4(N)q^N = 8\sum_{n=1}^{\infty}\frac{nq^n}{1+(-1)^n q^n}$$

$$= 8\left\{\sum_{m=1}^{\infty}\frac{2mq^{2m}}{1+q^{2m}}+\frac{(2m-1)q^{2m-1}}{1-q^{2m-1}}\right\}$$

$$= 8\sum_{m=1}^{\infty}2m\sum_{k=1}^{\infty}(-1)^{k-1}q^{2mk}+8\sum_{m=1}^{\infty}(2m-1)\sum_{k=1}^{\infty}q^{(2m-1)k}$$

$$= 8\sum_{N=1}^{\infty}\left(\sum_{d\mid N, 偶数}(-1)^{N/d-1}d+\sum_{d\mid N, 奇数}d\right)q^N$$

が成り立ち

$$r_4(N) = 8\left(\sum_{d \mid N, \text{偶数}} (-1)^{N/d-1}d + \sum_{d \mid N, \text{奇数}} d\right)$$

となる．これより N が奇数の時は定理の公式が成り立つことが分かる．N が偶数の場合は $N = 2^a M$, $a \geqq 1$, M は奇数とおくと

$$\sum_{d \mid N, \text{奇数}} d = \sum_{e \mid M} e$$

一方 N の偶数の約数 d は $d = 2^b e$, $1 \leqq b \leqq a$, $e \mid M$ と書け，N/d は $b < a$ のとき偶数，$b = a$ のとき奇数となるので

$$\sum_{d \mid N, \text{偶数}} (-1)^{N/d-1}d = \sum_{e \mid M} 2^a e - \sum_{b=1}^{a-1}\sum_{e \mid M} 2^b e$$

$$= 2\sum_{e \mid M} e$$

が成り立つ．従って

$$r_4(N) = 24\sum_{e \mid M} e$$

が成り立つ．一方，上の記号を使うと

$$\sum_{d \mid N} d - \sum_{4d \mid N} 4d = (1 + 2 + 2^2 + \cdots + 2^a)\sum_{e \mid M} e$$

$$- (2^2 + \cdots + 2^a)\sum_{e \mid M} e = 3\sum_{e \mid M} e$$

となり定理が成り立つことが分かる．

$r_6(N)$, $r_8(N)$ に対しても同様の議論で証明できる．

［証明終］

　テータ定数の偶数ベキには上の定理 10.1 のような美しい等式が期待できるが，奇数ベキにはそのような公式は期待できない．それが何故であるかは長い間理解されることはなかった．ヤコビの議論はテータ関数の特性を使ってはいるが，

その本質が何であるかは見えてこない．実はヤコビ自身も本質に迫っていたのであるが，その意味が明らかになってくるのは 20 世紀になってからと言うことができよう．その本質はテータ定数が持っている保型性である．

　既にヤコビは次の定理を証明していた．

定理 10.3 （ヤコビの虚変換）

$$\theta\left(-\frac{1}{\tau}, \frac{z}{\tau}\right) = \sqrt{\frac{\tau}{i}}\, e^{\pi i z^2/\tau}\, \theta(\tau, z) \qquad (10.10)$$

ただし右辺の平方根 $\sqrt{\tau/i}$ の分枝は $\tau = i$ のとき 1 であるように選ぶ．

　この等式をテータ定数に適用すれば

$$\theta\left(-\frac{1}{\tau}, 0\right) = \sqrt{\frac{\tau}{i}}\, \theta(\tau, 0) \qquad (10.11)$$

　一方，テータ関数の定義から

$$\theta(\tau+2, 0) = \theta(\tau, 0)$$

であることが分かる．

　ところで $SL(2, \mathbb{Z})$ は上半平面 H に

$$\tau \longmapsto \frac{a\tau+b}{c\tau+d} \quad \begin{pmatrix} a & b \\ c & d \end{pmatrix} \in SL(2, \mathbb{Z})$$

と作用する．この作用を行列 $M = \begin{pmatrix} a & b \\ c & d \end{pmatrix}$ に対して $M \cdot \tau$ を記すと，$M \cdot \tau = (-M) \cdot \tau$ となり M と $-M$ とは上半平面に同じ作用をする．$\tau \longmapsto -1/\tau$ は行列 $S = \begin{pmatrix} 0 & -1 \\ 1 & 0 \end{pmatrix}$ 及び $-S = \begin{pmatrix} 0 & 1 \\ -1 & 0 \end{pmatrix}$ に対応し，$\tau \longmapsto \tau+1$ は行列 $T = \begin{pmatrix} 1 & 1 \\ 1 & 0 \end{pmatrix}$ およ

び $-T$ に対応する. また $SL(2,\mathbb{Z})$ は S と T から生成されることが知られている.

一般に上半平面 H 上の正則関数 $f(\tau)$ で $SL(2,\mathbb{Z})$ の部分群 Γ に対して

$$f(\gamma \cdot \tau) = f\left(\frac{a\tau+b}{c\tau+d}\right) = (c\tau+d)^m f(\tau),$$

$$\gamma = \begin{pmatrix} a & b \\ c & d \end{pmatrix} \in \Gamma$$

となる性質を持つものを Γ に関する重さ m の保型形式と呼ぶ（正確にはカスプに関する条件が必要であるがここでは省略する）. $SL(2,\mathbb{Z})$ の部分群 $\Gamma(2)$ を

$$\Gamma(2) = \left\{ \begin{pmatrix} a & b \\ c & d \end{pmatrix} \in SL(2,\mathbb{Z}) \;\middle|\; \begin{pmatrix} a & b \\ c & d \end{pmatrix} \equiv \begin{pmatrix} 1 & 0 \\ 0 & 1 \end{pmatrix} \pmod 2 \right\}$$

と定義する. $\Gamma(2)$ は $T_2 = \begin{pmatrix} 1 & 2 \\ 0 & 1 \end{pmatrix}$, $S_2 = \begin{pmatrix} 0 & 1 \\ 2 & 1 \end{pmatrix}$ および $-I_2 = -\begin{pmatrix} 1 & 0 \\ 0 & 1 \end{pmatrix}$ で生成されることが知られている. 一方（10.11）より

$$\theta(-1/\tau, 0)^4 = -\tau^2 \theta(\tau, 0)^4$$

が成り立ち，これより

$$\begin{aligned}
\theta(S_2 \cdot \tau, 0) &= \theta\left(\frac{\tau}{2\tau+1}, 0\right)^4 \\
&= -\left(\frac{2\tau+1}{\tau}\right)^2 \theta\left(-\frac{2\tau+1}{\tau}, 0\right)^4 \\
&= -\left(\frac{2\tau+1}{\tau}\right)^2 \theta(-1/\tau-2, 0)^4 \\
&= -\left(\frac{2\tau+1}{\tau}\right)^2 \theta(-1/\tau, 0)^4 \\
&= (2\tau+1)^2 \theta(\tau, 0)^4
\end{aligned}$$

が成り立つ. こうして $\theta(\tau, 0)^4$ は $\Gamma(2)$ に対する重さ 2 の保

型形式であることが分かる．従って $\theta(\tau,0)^{4n}$ は重さ $2n$ の保型形式である．$\theta(\tau,0)^2$ は $-I_2$ に対する保型性を持たないので $-I_2$ を含まないように群をさらに小さくして重さ 1 の保型形式にすることが考えられる．こうしてテータ定数の偶数べきは保型形式として考えられるが，奇数べきは保型形式の $(c\tau+d)^m$ の指数 m が分数べきとなり振る舞いが異なってくる．このことがテータ定数の奇数べきが偶数べきと異なる性質を持つ一因となっている．

　ジーゲルの 2 次形式論からは多変数の保型形式が登場する．それはテータ定数の偶数べきの自然な拡張と考えられる．

11．有理数係数の 2 次形式

　1890 年にヒルベルトとフルヴィッツはディオファントス問題に関連して種数 0 の有理数係数の 3 変数斉次多項式[*12] が $GL(3,\mathbb{Q})$ で互いに移り合う条件を問題とした．この問題は有理数係数の 3 元 2 次形式がいつ $GL(3,\mathbb{Q})$ の行列で互いに移り合うかという問題を含んでおり，ミンコフスキーは一般の n 元 2 次形式の場合にこの問題を解決し，その結果をフルヴィッツに書き送った．その手紙の抜粋を出版したのが論文

[*12] ここでの種数とは斉次多項式 $f(x,y,z)$ が 2 次元複素射影空間内に定義する曲線 $f(x,y,z)=0$ の種数のこと．既約 2 次斉次式は種数 0 である．

H. Minkowski: Über die Bedingungen, unter welchen zwei quadratische Formen mit rationalen Koeffizienten ineinander rational transformiert werden können.（2個の有理係数の2次形式が<u>互</u>いに有理的に移り合う条件について），J. reine angew. Math. 106（1890），p. 5-26.

である．ミンコフスキーは有理係数の n 元2次形式 f, g が

$$(g) = {}^t M(f)M, \quad \exists M \in GL(n, \mathbb{Q}) \qquad (11.1)$$

であるための必要十分条件を求めた．有理係数の2次形式は適当な整数を掛けることによって整数係数の2次形式に変換できる．整数係数の2次形式に関しては同じ種に属する必要十分条件として（1）が成り立つこと，しかも M の各成分に現れる分数は任意に与えられた自然数と素であるように分母を選ぶことができることをスミスが示していた．ミンコフスキーはこの結果に基づいて，パリ科学院の懸賞問題に応募した論文の手法を使って問題を解決した．

　ミンコフスキーは有理係数の2次形式 f に対して次のようにその不変量を定義した．先ず対応する対称行列 (f) の正の慣性指数（正の固有値の数）を I と記す．さらに N を f の係数に出てくる有理数の分母の最小公倍数とする．対称行列 $N(f)$ に対応する2次形式は整係数の2次形式となる．さて（11.1）のように有理変換 $M \in GL(n, \mathbb{Q})$ によって2次形式 f が2次形式 g に移ったとすると

$$\det(g) = (\det M)^2 \det(f)$$

が成り立つ．従って2次形式 f の判別式 $\Delta(f) = -\det(f)$ を因数分解したときに（一般に判別式は有理数なので素数の指

数は負も許す) 現れる素数のうち奇数べきになるものは有理
変換 $M \in GL(n, \mathbb{Q})$ によって変わらない. そこで $\mathcal{P}$ を判別
式 $\Delta(f)$ に現れる奇数べきの素数の全体とし

$$A = (-1)^I \prod_{p \in \mathcal{P}} p$$

と定義する. ここで $\mathcal{P}$ が空集合の時は $A = (-1)^I$ と定義す
る. I, A は２次形式の $GL(n, \mathbb{Q})$ による有理変換の不変量
である. さらに各素数 q に対して ± 1 である不変量 C_q を定
義する. それには $N(f)$ に対応する整係数２次形式に対し
て懸賞論文で定義した種の不変量であると定義する. 特に q
が上記の N と素あるいは $\Delta(f)$ の因数として現れない奇素
数であれば $C_q = 1$, であることが分かり, さらに C_q の間に
は次の積公式が成立する.

$$\prod_q C_q = \begin{cases} +1 & n - 2I - j \equiv 0, 1, 6, 7 \ (\mathrm{mod}\,8) \text{のとき} \\ -1 & n - 2I - j \equiv 2, 3, 4, 5 \ (\mathrm{mod}\,8) \text{のとき} \end{cases}$$

ここで非負整数 j は $\equiv 3 \ (\mathrm{mod}\,4)$ となる $\mathcal{P}$ に属する素数の個
数である. そこで $C_q = -1$ となるすべての奇素数 q の積を
B と記す.

　これらの不変量を定義してミンコフスキーは次の定理を証
明した.

定理 11.1　判別式が 0 でない有理係数の n 元２次形式
f, g が $GL(n, \mathbb{Q})$ の元で互いに移り合うことができるため
の必要十分条件は f, g の不変量 I, A, B が一致すること
である.

　このミンコフスキーの議論からも明らかのように，有理数の行列による変換を考えているにも関わらず，素数 q が重要な働きをしている．しかも各素数では有理係数もしくは整係数の2次形式を q の十分大きなべき q^N を法として考えることが基本的である．この考え方を徹底するとヘンゼルによって導入された p 進数を使うと便利である．ジーゲルと同じ頃ゲッチゲン大学の数学科の学生であったハッセはヘンゼルの p 進数に出会い，ヘンゼルのいるマールブルク大学へ移って p 進数を用いて有理係数の2次形式を研究することとなった．

12. p 進数

　有理数体 $\mathbb{Q}$ （より一般には可換体）に対して以下の性質を持つ $\mathbb{Q}$ から実数体 $\mathbb{R}$ への写像 $a \longmapsto |a|$ が次の性質を持つとき絶対値と呼ぶ．

　(1) $|a| \geqq 0$ かつ $|a| = 0$ であるのは $a = 0$ に限る．

　(2) $|ab| = |a||b|$

　(3) $|a+b| \leqq |a| + |b|$

このとき

$$|-1| = |1| = 1, \ |-a| = |a|$$

が成り立つ．以上の性質は通常の絶対値が持っている性質である．実はこれ以外にも絶対値を定義することができる．

素数 p を一つ選び，整数 a に対して $a = p^m a'$，a' は p の倍数でないように m を決めるとき，$v_p(a) = m$ と定義する．ただし $v_p(0) = \infty$ と定義する．有理数 m/n，m，n は整数，に対して $v_p(m/n) = v_p(m) - v_p(n)$ と定義する．v_p を **p 進加法付値**という．定義から簡単に分かるように p 進加法付値 v_p は次の性質を持っている．

■ 補題 12.1 ■

任意の有理数 a，b に対して

$$v_p(ab) = v_p(a) + v_p(b)$$

$$v_p(a+b) \geq \min\{v_p(a), v_p(b)\},$$

$$v_p(a) \neq v_p(b) \text{ のとき等号が成立}$$

が成り立つ．ただし $\min\{\alpha, \beta\}$ は α，β のうち小さい方を意味し，∞ はどの整数よりも大きいと約束する．

そこで **p 進絶対値** $|a|_p$ を

$$|a|_p = p^{-v_p(a)}$$

と定義する．ただし $|0|_p = 0$ と定義する．このとき p 進絶対値は絶対値の性質 (1)，(2)，(3) を持つことが容易に分かる．p 進絶対値はさらに強い性質を持っている．

■ 補題 12.2 ■

$$|a+b|_p \leq \max\{|a|_p, |b|_p\}, \quad |a|_p \neq |b|_p \text{ のとき等号が成立}$$

一般に

$$|a+b| \leq \max\{|a|, |b|\} \tag{12.1}$$

を満たす絶対値を**非アルキメデス絶対値**という. 非アルキメデスという言葉がついているのは, 通常の絶対値に対しては, $a \neq 0$ のとき自然数が n が大きくなるにつれて $|na|$ も大きくなる (アルキメデスの原理) が, (12.1) を満たす絶対値では

$$|na| \leqq |a|$$

が成り立ち, アルキメデスの原理が成立しないからである. 非アルキメデス絶対値に対しては次の事実が成り立つ.

■ **補題 12.3** ■

非アルキメデス絶対値に対しては $|a| \neq |b|$ であれば

$$|a+b| = \max\{|a|, |b|\}$$

が成り立つ.

[証明] $|a| < |b|$ と仮定する. もし $|a+b| < |b|$ であれば

$$|b| = |a+b-a| \leqq \max\{|a+b|, |a|\} < |b|$$

が成り立ち矛盾. [証明終]

さて絶対値があればコーシー列が定義できる. 数列 $\{a_n\}$, $a_n \in \mathbb{Q}$, $n = 1, 2, \cdots$ は任意の $\varepsilon > 0$ に対して次の条件を満たす自然数 $N = N(\varepsilon)$ が存在するとき コーシー列とよばれる.

(条件) $m, n \geqq N$ である任意の自然数 m, n に対して

$$|a_m - a_n| < \varepsilon$$

が成り立つ.

　これは m, n が十分大きいところでは a_m と a_n の差の絶対値が小さくなることを意味する．絶対値の条件 (1) を考えると a_n は n が大きくなるとどこかの点に近づいていくイメージを与える条件である．

　p 進絶対値は非アルキメデス的であるので，私たちの感覚に反する結果をもたらす．例えば p^n, $n = 1, 2, \cdots$ は通常の意味ではどんどん大きくなっていくが $|p^n|_p = p^{-n}$ であるので p 進絶対値としてはどんどん小さくなっていき，$\{p^n\}$ は 0 に収束するコーシー列である．

　また

$$a_n = p + p^4 + p^9 + \cdots + p^{n^2}$$

も通常の意味では n が大きくなるとどんどん大きくなっていくが，p 進絶対値に関しては $m < n$ のとき

$$|a_n - a_m|_p \leqq p^{-m^2}$$

が成り立つのでコーシー列になる．しかし，このコーシー列は有理数の中では収束先がない．このような場合、収束しないコーシー列の収束点を新たにつけ加えることによって**完備化**することができる．p 進絶対値による $\mathbb{Q}$ の完備化を $\mathbb{Q}_p$ と記し，**p 進体**と呼ぶ．体と呼ぶのは $\mathbb{Q}_p$ では四則演算ができ，体の性質を持つからである．

■■ **補題 12.4** ■■■■■■■■■■■■■■■■■■■

　有理数体 $\mathbb{Q}$ を含み以下の性質を持つ体 $\mathbb{Q}_p$ が存在する．

(1) $\mathbb{Q}_p$ は非アルキメデス的絶対値 $|\ |_p$ を持ち，$\mathbb{Q}$ 上では上に定義した p 進絶対値と一致する．

(2) $\mathbb{Q}_p$ のすべてのコーシー列は $\mathbb{Q}_p$ の元に収束する（このことを $\mathbb{Q}_p$ は完備であるという）.

(3) $\mathbb{Q}$ のコーシー列は $\mathbb{Q}_p$ の中で収束し，$\mathbb{Q}_p$ はこの性質を持つ $\mathbb{Q}$ を含む体の内で最小のものである．さらに $\mathbb{Q}_p$ は同型を除いて一意的である.

証明　証明の粗筋は次の通りである．$\mathbb{Q}$ のコーシー列の全体を $\mathcal{F}$ と記す．$\mathbf{a} = \{a_n\}$, $\mathbf{b} = \{b_n\}$ に対して

$$\mathbf{a} \pm \mathbf{b} = \{a_n \pm b_n\}, \ \mathbf{a} \cdot \mathbf{b} = \{a_n b_n\}$$

と定義すると $\mathcal{F}$ は可換環の構造を持つ．0 に収束するコーシー列の全体を $\mathcal{N}$ とおくと $\mathcal{N}$ は $\mathcal{F}$ のイデアルである．剰余環 $\mathcal{F}/\mathcal{N}$ を $\mathbb{Q}_p$ とおく．有理数 a に対してすべての項が a である数列を a と記すと $a \in \mathcal{F}$ であり，この元の $\mathbb{Q}_p$ での像も a と記すことにすると $\mathbb{Q}$ は $\mathbb{Q}_p$ の部分環である.

　　$\mathbb{Q}_p$ が 体 で あ る こ と は 次 の よ う に し て 分 か る.
$\mathbf{a} = \{a_n\} \notin \mathcal{N}$ であれば $n \geq n_0$ のとき常に $|a_n|_p > \delta$ が成り立つような正数 δ と自然数 n_0 が存在する．そこで $n \geq n_0$ のとき $b_n = \dfrac{1}{a_n}$ が成り立つような数列 $\mathbf{b} = \{b_n\}$ をとるとコーシー列となり，$\mathbf{a} \cdot \mathbf{b}$ は $n \geq n_0$ のとき 1 である数列なる．従って $\mathbb{Q}_p$ では 1 と一致する．これより $\mathbb{Q}_p$ の 0 以外の元は逆元を持つことがわかり，$\mathbb{Q}_p$ は体であることが示される．$\mathbb{Q}_p$ の絶対値は次のようにして決められる．コーシー列の定義から $\mathbf{a} = \{a_n\}$ に対して

$$\bigl| |a_m|_p - |a_n|_p \bigr| \leq |a_m - a_n|_p$$

が成り立つことがわかり，実数列 $\{|a_n|_p\}$ も $\mathbb{R}$ でのコーシー列である．そこで

$$|\mathbf{a}|_p = \lim_{n \to \infty} |a_n|_p$$

と定義する．$|a_n|_p$ は p の整数ベキであるので $|\mathbf{a}|_p$ も 0 である場合を除いて p ベキであることが分かる．$\mathcal{N}$ の各元に対してはこのように定義した p 進絶対値の値は 0 であるので，この定義は自然に $\mathbb{Q}_p$ の p 進絶対値を定義する．この定義は $\mathbb{Q}_p$ に埋め込まれた $\mathbb{Q}$ 上ではもとの p 進絶対値と同じ値を与える．また，この定義が非アルキメデス的絶対値の性質を持つことは簡単に示される．さらに $\mathbb{Q}_p$ が補題の (2)，(3) の性質を持つことも証明できる． 　　　　　　　　[証明終]

ところで無限和

$$\sum_{n=k_0}^{\infty} \alpha_n, \ \alpha_n \in \mathbb{Q}_p, \ k_0 \in \mathbb{Z} \qquad (12.2)$$

はその部分和

$$\sigma_N = \sum_{n=k_0}^{N} \alpha_n$$

が収束するときにその極限値を表すと定義する．例えば

$$p^{-2} + p + p^4 + p^9 + \cdots + p^{n^2} + p^{(n+1)^2} + \cdots$$

は $\mathbb{Q}_p$ の元を定める．さらに実数体の場合と違って p 進絶対値での収束は簡明である．すなわち無限和 (12.2) が収束するための必要十分条件は

$$\lim_{n \to \infty} |\alpha_n|_p = 0$$

が成り立つことである．$M < N$ のとき

$$|\sigma_M - \sigma_N|_p = |\alpha_M + \alpha_{M+1} + \cdots + \alpha_{N-1}|_p$$
$$\leqq \max\{|\alpha_M|_p, |\alpha_{M+1}|_p, \cdots, |\alpha_{N-1}|_p\}$$

が成り立つからである.

さて

$$\mathbb{Z}_p = \{\alpha \in \mathbb{Q}_p \mid |\alpha|_p \leqq 1\}$$

とおくと, これは可換環になる. $\alpha, \beta \in \mathbb{Z}_p$ であれば $|\alpha+\beta|_p \leqq \max\{|\alpha|_p, |\beta|_p\} \leqq 1$ が成り立つからである. $\mathbb{Z} \subset \mathbb{Z}_p$ であり, $\mathbb{Z}_p$ を p 進整数環, 各元を p 進整数と呼ぶ. すると次のことが示される.

■ 補題 12.5 ■

$\alpha \in \mathbb{Z}_p$ に対して

$$\alpha = \sum_{n=0}^{\infty} a_n p^n, \ a_n \in \{0, 1, \cdots, p-1\}$$

の形の展開が一意的に定まる. この展開式を α の p 進展開という.

証明　$\mathbb{Q}_p$ は $\mathbb{Q}$ の完備化であるので $|\alpha-c|_p \leqq 1/p$ である $c \in \mathbb{Q}$ が存在する. $c = u/v$ と既約分数で表すと v は p の倍数でない. もし v が p の倍数であれば既約分数の仮定から $|c|_p \geqq p$ となり $|\alpha-c|_p = |c|_p \geqq p$ となって仮定に反するからである. すると $u \equiv a_0 v \pmod{p}$ を満たす整数 $a_0 \in \{0.1, \cdots, p-1\}$ が存在し, $|\alpha-a_0|_p \leqq 1/p$ が成り立つ. そこで $\alpha = a_0 + p\alpha_1$ と記すと

$$|\alpha_1|_p = \frac{|\alpha-a_0|_p}{|p|_p} \leqq 1$$

が成り立ち $\alpha_1 \in \mathbb{Z}_p$ である. 上と同様に $|\alpha_1 - a_1|_p$ $\leq 1/p$ となる $a_1 \in \{0.1, \cdots, p-1\}$ が存在する. $\alpha_1 = a_1 + \alpha_2$ とおいて以下同様に議論を続けることによって a_n が順次決まり, 展開式が得られる. 一意性も簡単に証明できる.

[**証明終**]

例えば $p = 3$ のとき $1/2 \in \mathbb{Z}_3$ の 3 進展開は

$$\frac{1}{2} = 2 + 3 + 3^2 + \cdots + 3^n + 3^{n+1} + \cdots$$

である.

ところで

$$O_p = \{\alpha \,|\, |\alpha|_p \leq p^{-1}\}$$

とおくと O_p は $\mathbb{Z}_p$ のイデアルであり

$$O_p = p\mathbb{Z}_p$$

であることが分かる. $\mathbb{Z}_p$ の 0 以外の素イデアルは $(p) = p\mathbb{Z}_p = O_p$ のみである. このように $\mathbb{Z}_p$, $\mathbb{Q}_p$ は素数 p のみを抽出した環, 体である. また $\alpha \in \mathbb{Q}_p$ が $|\alpha|_p = p^m$ であれば $p^m \alpha \in \mathbb{Z}_p$ であるので, 上の補題から

$$\alpha = p^{-m}(a_0 + a_1 p + a_2 p^2 + \cdots + a_n p^n + a_{n+1} p^{n+1} + \cdots),$$

$$a_p \in \{0, 1, \cdots, p-1\}$$

の形の p 進展開を持つことが分かる.

有理数体 $\mathbb{Q}$ の絶対値による完備化は素数 p で定まる p 進体 $\mathbb{Q}_p$ か実数体 $\mathbb{R}$ のいずれかであることが証明できる. そこで素数の全体に ∞ をつけ加えて有理数体 $\mathbb{Q}$ の**素点**と呼び $\mathbb{R}$ を $\mathbb{Q}_\infty$ と記すことにする.

13．体上の2次形式論

　ここで，ハッセの結果を述べるために少し廻り道をして体上の2次形式論を簡単に述べておこう．今までは2次形式を座標を使って表現していたが，座標を使わないで2次形式を定義することもできる．以下，体 k の標数は2でないと仮定する．体 k 上の n 次元ベクトル空間を V を考える．V 上の k に値を取る対称双線型写像 ϕ とは次の性質を持つ $V \times V$ から k への写像である．

（1）ϕ は対称写像である．すなわち
$$\phi(\mathbf{u}, \mathbf{v}) = \phi(\mathbf{v}, \mathbf{u}), \ \forall \mathbf{u}, \mathbf{v} \in V$$
　　が成り立つ．

（2）ϕ は双線型写像である．すなわち，任意の $a, b \in k$ と
　　$\mathbf{u}, \mathbf{v}, \mathbf{w} \in V$ に対して
$$\phi(a\mathbf{u} + b\mathbf{v}, \mathbf{w}) = a\phi(\mathbf{u}, \mathbf{w}) + b\phi(\mathbf{v}, \mathbf{w})$$
$$\phi(\mathbf{u}, a\mathbf{v} + b\mathbf{w}) = a\phi(\mathbf{u}, \mathbf{v}) + b\phi(\mathbf{u}, \mathbf{w})$$
　　が成り立つ．このとき
$$\phi(\mathbf{u}) = \phi(\mathbf{u}, \mathbf{u})$$
　　と記すと $\phi(\mathbf{u})$ が双線型写像 $\phi(\mathbf{u}, \mathbf{v})$ に対応する2次形式となる．

（3）$\phi(\mathbf{u})$ は V から k への2次写像である．すなわち任意の $\lambda \in k$ と $\mathbf{u} \in V$ に対して
$$\phi(\lambda\mathbf{u}) = \lambda^2 \phi(\mathbf{u})$$

が成り立つ.

(4) 任意の $\mathbf{u}, \mathbf{v} \in V$ に対して

$$\phi(\mathbf{u}, \mathbf{v}) = \frac{1}{4} \{\phi(\mathbf{u}+\mathbf{v}) - \phi(\mathbf{u}-\mathbf{v})\}$$

とおくと $\phi(\mathbf{u}, \mathbf{v})$ は $V \times V$ 上の k に値を取る対称双線型写像である.

　以上のことから (1), (2) を満たす $V \times V$ 上の k に値をとる対称双線型写像と (3), (4) を満たす V 上の k に値を取る 2 次形式とは 1 対 1 に対応することが分かる. そこで (V, ϕ) を体 k 上の **2 次空間** とよぶ. ここで ϕ は対称双線型写像と 2 次形式の両方を表し, 必要に応じて適宜使い分ける. さて V の基底 $\{\mathbf{e}_1, \mathbf{e}_2, \cdots, \mathbf{e}_n\}$ を選び

$$a_{ij} = \phi(\mathbf{e}_i, \mathbf{e}_j)$$

とおくと $a_{ij} = a_{ji}$ となり

$$\phi\Big(\sum_{i=1}^{n} x_i \mathbf{e}_i\Big) = \sum_{i,j} a_{ij} x_i x_j$$

と書くことができる. $\sum_{i,j} a_{ij} x_i x_j$ は今まで考えてきた 2 次形式である. すなわち基底を固定する, 言い換えるとベクトル空間 V の座標を決めると具体的に 2 次形式を書き表すことができる. 他の基底 $\{\mathbf{f}_1, \mathbf{f}_2, \cdots, \mathbf{f}_n\}$ を使うと 2 次形式

$$\phi\Big(\sum_{i=1}^{n} x_i \mathbf{f}_i\Big) = \sum_{i,j} b_{ij} x_i x_j, \ b_{ij} = \phi(\mathbf{f}_i, \mathbf{f}_j)$$

が生じる. 両者は $GL(n, k)$ の行列で互いに移り合う. 逆に $GL(n, k)$ の行列で互いに移り合う 2 次形式は 2 次空間の基

底の取り方を変えることによって表示することができ，同じ 2 次空間を定義している．$GL(n,k)$ の行列 M によって $(b_{ij})={}^t M(a_{ij})M$ の形で互いに移り合うときに 2 つの 2 次形式 $\sum_{i,j}a_{ij}x_i x_j,\ \sum_{i,j}b_{ij}x_i x_j$ は同値であるという．このように体上の同値な 2 次形式を考えるには座標を使わずに 2 次空間を使った方が便利な場合がある．

さて 2 次空間 (V,ϕ) は基底 $\{\mathbf{e}_1,\mathbf{e}_2,\cdots,\mathbf{e}_n\}$ に対して $\det(\phi(\mathbf{e}_i,\mathbf{e}_j))\neq 0$ のとき正則であるという．これは基底に取り方によらない．以下，正則な 2 次空間 (V,ϕ) のみを考察する．

さて基底 $\{\mathbf{e}_1,\mathbf{e}_2,\cdots,\mathbf{e}_n\}$ は

$$\phi(\mathbf{e}_i,\mathbf{e}_j)=0,\ 1\leq i<j\leq n$$

が成り立つとき固有であるという．固有な基底に対しては 2 次形式は

$$a_1 x_1^2+a_2 x_2^2+\cdots+a_n x_n^2$$

と対角化された形になる．線形代数で学ぶ対称行列の対角化の議論と類似の議論によって次の補題が証明される．体上の 2 次形式の議論が比較的簡単になる理由がここにある．

■ 補題 13.1 ■

2 次空間 (V,ϕ) は固有基底を持つ．従って標数が 2 でない体上定義された 2 次形式は対角化された 2 次形式と体 k 上で同値である．

ところで，　$f(\mathbf{a})=0$ となる $k^n\ni\mathbf{a}\neq\mathbf{0}$ が存在すると

き, ２次形式 f または対応する２次空間 (V, f) は**等方的**
（isotropic）と呼ばれる. ２次形式 f が零ベクトル $\mathbf{0}$ ではな
いベクトル $\mathbf{a}$ によって 0 を表現するとき等方的であると言う
こともできる. また, 体 k 上の２次元２次空間 (U, ϕ) は

$$\phi(\mathbf{v}_1) = 0, \ \phi(\mathbf{v}_2) = 0, \ \phi(\mathbf{v}_1, \mathbf{v}_2) = 1$$

を満たす基底 $\{\mathbf{v}_1, \mathbf{v}_2\}$ を持つとき**双曲空間**と呼ばれる. 双曲
空間 (U, ϕ) の２次形式 ϕ は k の任意の元を表現する. 何故
ならば, $a \in k$ とすると

$$\phi\left(\mathbf{v}_1 + \frac{a}{2}\mathbf{v}_2\right) = a$$

が成り立つからである.

　ところで, 双曲空間は等方的であるが, 逆に次の補題が
成り立つ.

■■ 補題 13.2 ■■■■■■■■■■■■■■■■■■■■■■■■■■■

　体 k 上の正則な２次空間 (V, ψ) が等方的であれば V は部
分空間として双曲空間 $(U, \psi|_U)$ を含み

$$U^{\perp} = \{\mathbf{v} \in V \mid \psi(\mathbf{u}, \mathbf{v}) = 0, \ \forall \mathbf{u} \in U\}$$

と置くと

$$(V, \psi) = (U, \psi|_U) \oplus (U^{\perp}, \psi|_{U^{\perp}})$$

と直和分解される.

証明　仮定より $\psi(\mathbf{u}) = 0, \mathbf{u} \neq \mathbf{0}$ となる元が存在する.
$\mathbf{v}_1 = \mathbf{u}$ と置く. ２次空間は正則であると仮定したので
$\psi(\mathbf{v}_1, \mathbf{w}) = 1$ を満たす $\mathbf{w} \in V$ が存在する. すると

$$\psi(\mathbf{w}+\lambda\mathbf{v}_1)=\psi(\mathbf{w})+2\lambda\psi(\mathbf{w},\mathbf{v}_1)+\lambda^2\psi(\mathbf{v}_1)$$
$$=\psi(\mathbf{w})+2\lambda$$

を得るので，$\lambda=-\psi(\mathbf{w})/2$ と取って $\mathbf{v}_2=\mathbf{w}+\lambda\mathbf{v}_1$ と置くと

$$\psi(\mathbf{v}_1)=0,\ \psi(\mathbf{v}_2)=0,\ \psi(\mathbf{v}_1,\mathbf{v}_2)=1$$

となるので $(U,\psi|_U)$ は双曲空間である．U と $U^{\perp}$ の取り方より直和分解は直ちに証明できる．

[証明終]

■ 補題 13.3 ■

正則な体 k 上定義された n 元2次形式 f および m 元2次形式 g に関して $f(\mathbf{x})-g(\mathbf{y})$ が $(n+m)$ 変数の2次形式として k 上等方的であれば f と g 両方で表示できる k の元 $b\neq0$ が存在する．

証明　仮定より $f(\mathbf{a})=g(\mathbf{b})$ となる $\mathbf{a}\in k^n$, $\mathbf{b}\in k^m$ が存在する．$\mathbf{b}\neq\mathbf{0}$ と仮定しても一般性を失わない．もし $f(\mathbf{a})\neq0$ であれば $b=f(\mathbf{a})=g(\mathbf{b})$ を取ればよい．もし $f(\mathbf{a})=0$ であれば上の補題 13.2 より g は任意の k の元を表示する．従って $\mathbf{c}\in k^n$, $\mathbf{c}\neq\mathbf{0}$ を1つ選んで $b=f(\mathbf{c})\neq0$ に取ればよい．

[証明終]

14．ハッセの原理

ハッセはゲッチンゲン大学で数学を学んでいたときにヘンゼルの p 進数の理論に出会い，感銘を受けてヘンゼルのい

るマールブルク大学へ移りヘンゼルの指導を受けた．学位
論文はヘンゼルによって提起された問題を解いたのものであ
り，次の形にまとめることができる．

定理 14.1　有理数 m が有理係数の 2 次形式 f によって
表現できるための必要十分条件はすべての素点 p（$p = \infty$
も含む）に対する体 $\mathbb{Q}_p$ 上で m は f で表現できることであ
る．

　ハッセが基本定理と呼んだこの定理は

$$m = f(a_1, a_2, \cdots, a_n)$$

を満たす有理数 $a_1, a_2, \cdots, a_n$ の存在は，すべての素点 p で上
の式を満たす $a_i \in \mathbb{Q}_p$, $i = 1, \cdots, n$ が存在するか否かの問題に
変えることができると主張する．

　有理数体 $\mathbb{Q}$ 上で考える問題を大域的な問題といい，p 進
体と実数体で考える問題を局所的な問題という．ハッセは
1921 年に学位論文を完成させたが，学位論文で展開した理
論はミンコフスキーが考察し解決した有理係数の 2 次形式
の $GL(n, \mathbb{Q})$ による同値問題に適用できることに気づき，新
しい証明をまとめて教授資格論文として 1921 年末に大学へ
提出した．ミンコフスキーは証明の為に整係数の 2 次形式
論を援用する必要があったが，ハッセは有理数と p 進数の
範囲内で証明を完結させることができた．同値性の証明の
ためには基本定理の特別な場合である次の定理が基本的で

ある.

定理 14.2　（強ハッセの原理）

　有理係数の 2 次形式 f が等方的であるための必要十分条件はすべての素点 p（$p = \infty$ を含む）に対して $\mathbb{Q}_p$ 上 f が等方的であることである.

　同値性の判定条件は今日では弱ハッセの原理と呼ばれる.

定理 14.3　（弱ハッセの原理）

　有理係数の n 元正則 2 次形式 f, g が $GL(n, \mathbb{Q})$ で互いに移り合うことができるための必要十分条件はすべての素点 p（$p = \infty$ も含む）で $GL(n, \mathbb{Q}_p)$ で互いに移り合うことである.

　今日では弱ハッセの原理は強ハッセの原理から次のように簡単に導くことができることが知られている.

　n 元 2 次形式 f, g が $\mathbb{Q}_p$ 上で同値とすると $2n$ 元 2 次形式 $f(\mathbf{x}) - g(\mathbf{y})$ は $\mathbb{Q}_p$ 上で等方的である. $\mathbf{y} = M\mathbf{x}, M \in GL(n, \mathbb{Q}_p)$ によって $g(M\mathbf{x}) = f(\mathbf{x})$ となるからである. これがすべての素点 p で成り立つので, 強ハッセの原理によって $f(\mathbf{x}) - g(\mathbf{y})$ は $\mathbb{Q}$ 上等方的である. 従って補題 13.3 より f, g はある有理数 $e \neq 0$ を表現することができる. すると f, g は $\mathbb{Q}$ 上それぞれ

$$\langle e \rangle + f_1, \; \langle e \rangle + g_2$$

と $\mathbb{Q}$ 上同値となる．ここで $\langle e \rangle$ は 2 次形式 ex^2 を表す．例えば f の場合，f が定義する 2 次空間を V とし $e = f(\mathbf{a})$，$\mathbf{a} \in \mathbb{Q}^n$ として $\mathbf{a}$ が生成する $\mathbb{Q}$ 上の V の部分空間 $\mathbb{Q}\mathbf{a}$ を V_1 と記すと $\langle e \rangle$ は 2 次空間 V_1 に対応し，その補空間 $V_1^{\perp} = \{\mathbf{v} \in V \mid f(\mathbf{a}, \mathbf{v}) = 0\}$ を取ると $V = V_1 \oplus V_1^{\perp}$ と直和分解でき，f_1 は f を $V_1^{\perp}$ に制限したものに他ならない．この直和分解は V の基底を取り替えたことに対応するので，f と $\langle e \rangle + f_1$ は $\mathbb{Q}$ 上同値である．さらに f, g は $\mathbb{Q}_p$ 上同値であることを使うと f_1 は g_1 と $\mathbb{Q}_p$ 上同値であることが簡単に示すことができる．f_1, g_1 は $(n-1)$ 元 2 次形式であり，1 元 2 次形式の場合は定理は明らかであるので，数学的帰納法によって定理を証明することができる．

ハッセの結果は次の 2 つの論文として発表された．さらにハッセは一般の代数的整数体の場合に結果を一般化している．

Über die Darstellbarkeit von Zahlen durch quardratische Formen im Körper der rational Zahlen（有理数体での 2 次形式で数を表現することについて），J. reine angew. Math. vol. 152（1923），129 – 148.

Über die Äquivalenz quardratischer Formen im Körper der rational Zahlen（有理数体での 2 次形式の同値について），J. reine angew. Math. vol. 152（1923），205 – 224.

あとがき

　以上長々と2次形式の歴史を述べてきた．数論的な観点から2次形式論を論じた教科書は残念ながら日本語では見当たらない．英語ではあるが

> J.W.S. Cassels, "Rational Quadratic Forms", Academic
> Press, 1978

は丁寧に書かれた良書である．本書の執筆の際に参考にした．また，2次形式論の数論の出発点となったガウスの著書は邦訳がある．

> 高瀬正仁訳『ガウス整数論』朝倉書店，1995

ラテン語の原著 "Disquisitiones Arithmeticae" からの翻訳である．原著はガウス全集第1巻に収録されている．ところで，『ガウス整数論』では「アリトメティカ」という見慣れぬ用語が出てくる．読者は戸惑うと思われが，これはラテン語 "arithmetica" に対応する「訳語」である．"arithmetica" に対応する英語は "arithmetic" であり，古くは「算術」と訳され，現在では「数論」と訳されることが多い．しかし，"arithmetica" にはこうした訳語では表現しきれない意味があるというのが高瀬氏の主張であり，そのためわざわざ「アリトメティカ」とカタカナで表記されている．数学の術語は時代と

共にその意味を変えてきていることは事実ではあるが，そうした歴史を踏まえて数学用語は使われてきたのであって，見慣れぬ訳語で，苦労されて作成された翻訳が読みにくくなっていると思うのは筆者だけであろうか．

なお，本書では"Disquisitiones Arithemeticae"に対して『数論研究』という訳を使ったが，『数論的研究』とする方がガウスの意図には近いであろう．最後の章は数論的な考察によって円分多項式が代数的に解けることを示したもので，当時の"arithmetica"を越えた理論になっている．ガウスの『数論研究』は現在でも読みごたえのある著作であり，一読をお勧めしたい．

ガウスの『数論研究』を常に携え研究したディリクレはガウスの理論の簡易化を試み，講義を行ってきた．ディリクレが1856年から7年にかけてゲッチンゲン大学で行った講義をデデキントがまとめ，さらに付録をつけて出版したものが

> Dirichlet-Dedekind "Vorlesungen über Zahlentheorie",
> 初版 1863, 第 2 版 1871, 第 3 版 1880

である．版の違いはデデキントによる付録の追加によるもので，デデキントは創始した代数体のイデアル論を第 2 版，第 3 版の付録の中で発表している．「フロベニウスの思い出」で述べているように，家庭教師をして得たお金でジーゲルが最初に購入した数学の本でもある（本書 12, 13 ページ）．本書でも，この本に述べられている 2 次形式の合成の理論のディリクレによる簡易化を使った．ディリクレは単にガウスの 2 次形式

論の簡易化を行っただけでなく，ゼータ関数を拡張して今日
ディリクレの L 関数を導入することによって2次形式の類数
公式を得，数論の新しい方向への進展をもたらした．ディリ
クレ・デデキントの第3版は邦訳

酒井孝一訳・解説『ディリクレ・デデキント整数論講義』
共立出版，1970

がある．この本も大部ではあるが一読をお勧めする．

著　者

索 引

著者紹介：

上野 健爾（うえの・けんじ）

1945 年　熊本県生まれ
1968 年　東京大学理学部数学科卒業
現　在　京都大学名誉教授，四日市大学 関孝和数学研究所所長

主要著書：
『代数入門（現代数学への入門)』岩波書店，2004 年
『数学の視点』東京図書，2010 年
『円周率が歩んだ道』岩波書店，2013 年
『小平邦彦が拓いた数学』岩波書店，2015 年
『数学者的思考トレーニング 複素解析編』岩波書店，2018 年

他，多数

双書㉒・大数学者の数学
ジーゲル ①／人と数学

2022 年 4 月 22 日　初版第 1 刷発行

著　者　　上野健爾

発行者　　富田　淳

発行所　　株式会社　現代数学社
〒 606-8425 京都市左京区鹿ヶ谷西寺ノ前町 1
TEL 075 (751) 0727　FAX 075 (744) 0906
https://www.gensu.co.jp/

装　幀　　中西真一（株式会社 CANVAS）

印刷・製本　　有限会社 ニシダ印刷製本

ISBN 978-4-7687-0580-3　　2022　Printed in Japan